STEAM&创客教育趣学指南

Python

FOR

KIDS

达人迷

Python

趣味编程10例

◎［美］Brendan Scott 著

◎东洋 译

◎程晨 审

for
dummies
A Wiley Brand

人民邮电出版社

北京

图书在版编目（CIP）数据

达人迷.Python趣味编程10例 / （美）布伦丹·斯科特（Brendan Scott）著；东洋译. -- 北京：人民邮电出版社，2018.6
（STEAM&创客教育趣学指南）
ISBN 978-7-115-47680-7

Ⅰ.①达… Ⅱ.①布… ②东… Ⅲ.①软件工具－程序设计 Ⅳ.①TP31

中国版本图书馆CIP数据核字(2018)第000440号

版权声明

商标声明

◆ 著　　　[美] Brendan Scott
　 译　　　东　洋
　 责任编辑　周　璇
　 责任印制　周昇亮

◆ 人民邮电出版社出版发行　　北京市丰台区成寿寺路 11 号
　 邮编　100164　电子邮件　315@ptpress.com.cn
　 网址　http://www.ptpress.com.cn
　 北京捷迅佳彩印刷有限公司印刷

◆ 开本：800×1000　1/16
　 印张：14.75　　　　　　　2018 年 6 月第 1 版
　 字数：249 千字　　　　　　2018 年 6 月北京第 1 次印刷
　 著作权合同登记号　图字：01-2016-2468 号

定价：89.00 元
读者服务热线：(010)81055339　印装质量热线：(010)81055316
反盗版热线：(010)81055315
广告经营许可证：京东工商广登字 20170147 号

内容提要

　　本书以生动诙谐的语言，图文并茂地讲解了 Python 的核心入门知识，从 Python 软件如何安装、配置开始，再到测试第一个简单的程序"Hello World"，然后进阶到游戏设计环节，最终实现几个高难度的完整项目的制作。初学者一步一步跟着学，就可以通过实践掌握 Python 的应用技术。本书适合对编程感兴趣的青少年和大众初学者阅读。

献词

给我的家人。

作者简介

    Brendan 是 3 个孩子的父亲。他非常爱他们，他也非常爱 Python，因此他开通博客来教他的大孩子学习如何编程。这可是在 2010 年啊！这件事使得这个网站火了，现在他有机会把对 Python 的喜爱之情传递给更多的孩子们。他真心希望这本书能帮助你掌握 Python。

作者致谢

我要衷心感谢 Wiley 的员工当初让我写这本书，并且感谢他们在技术上和其他编辑工作上付出的心血。

本书英文版出版致谢

执行编辑：Steven Hayes

发展编辑：Tonya Maddox Cupp

技术编辑：Camille McCue

高级编辑助理：Cherie Case

项目协调员：Antony Sami

特别技术帮助：Dexter Lim, Lewis Lim

封面图片：©Wiley

目 录

概　　述

大家好，欢迎阅读本书，我们的 Python 学习之旅马上开始。如果你能和我一起编写所有的项目，那么阅读完本书，你就掌握了 Python 编程的基础了。

学习本书内容最重要的就是实践。练习编写所有的代码，最好做到在看我写的代码之前，思考出来代码应该是什么样子的。

关于本书

本书将会帮助你了解 Python 编程需要掌握的知识。这里面有很多示例，我也会讲解程序设计的思路。另外我还会帮助你融入更广大的 Python 社区。这样你在学习完本书之后就可以进入 Python 社区了。

格式说明

阅读本书时需要铭记以下几点：

- 有时候单词使用斜体字，我会解释斜体字的内容，举个例子：列表中的对象被称为元素。当你阅读到这样的内容时，那你可要仔细观察了，这是概念定义（列表中的对象被称为元素）。
- Python 代码的书写字体与其他文字不一样。有时代码会和文字夹杂在一起，例如：print（'Hello World!'）。
- 有时候代码会单独写成一段，例如：

```
print('Hello World!')
```

- 有些代码行以 >>> 开始。这是我在展示使用交互式 Python 解析器时出现的提示符。

你需要在自己的 Python 解析器内输入书上 >>> 提示符之后的代码，然后验证程序执行结果：

```
>>> my_message = "Hello World!"
>>> print(my_message)
```

✔ 每行代码之前的空格数非常重要。代码的长度（理论上来说）无关紧要，但是 Python 的编码规范建议每行代码不要超过 79 个字符（ 包括字母、数字、空格或者标点符号）。本书可没有你的显示器大，所以每行代码只能写 69 个字符。书里的一些代码被我分成了几行来写。这样代码既能正确执行，看起来也比较美观。所以你在输入的时候要当心，分成几行来写的代码的空格数看起来并不是那么直观。

✔ 我分割代码有两个原则：

1. 第一个原则是隐式的，一般来说，可以在括号内的任意逗号位置分割代码，Python 仍然会把这几行代码认为是一行。被分割开的代码之后的部分应该缩进到和括号对齐的位置，下面以第 9 章中的一段代码为示例：

```
values = (e.first_name, e.family_name,
          e.date_of_birth, e.email_address)
```

尽管你将这段代码输入为两行，但 Python 仍然认为这是一行代码（ 认为这是一行很长的代码）。按照示例输入这段代码。在每行结束的位置输入回车，在每行开始的位置输入空格，对齐到正确的位置。

2. 第二个原则是用反斜线"\"（注意不是 /）明确地分割一行代码。下面是从第 9 章里截取的一个示例：

```
raw_input_prompt = "Press: 1 for training,"+\
                   " 2 for testing, 3 to quit.\n"
```

代码输入成了两行，在第一行的结尾用 \ 分割，不过 Python 仍会将这看作一行。

✔ 当使用 Python 解释器的时候，每行代码以 ... 或者 >>> 开头。如果你在代码中没有看到这些字符，说明之前的代码和当前的代码是同一段代码。下面是项目 2 中的一个例子：

```
>>> my_second_message = 'This name is a little long.
    Ideally, try to keep the name short, but not too
    short.'
```

这段代码的第二行和第三行都没有以 ... 或者 >>> 开头。这意味着只有在输入完所有代码后才能按回车键。也就是说在输入完 too short.' 之后按回车键，而不是在输入 little long. 和 not too 后按回车键。

✔ 有时候，程序在你的计算机上的输出结果与书上的代码看起来略有差异。例如在后面的章节里，可能会遇到重启行。在我的屏幕上，下列代码显示为一行：

```
>>> =============================== RESTART
==============================
```

▶ 第 4 章中会展示如何自动缩进代码。在此之前，每次都需要手动缩进代码。每写一行代码，就需要按 4 次空格键。如果代码需要缩进两层，则需要按 8 次空格键（也就是两层缩进，每层缩进 4 个空格），依此类推。每一行需要缩进的代码都要如此。

▶ 展示代码如何执行时，我通常会提供一个代码模板——代码使用概述。一个简单的示例就是 help（*[object name]*）。这个例子里 help 是关键字，它需要和一对小括号配合使用。方括号表明这是可选项。斜体字是需要输入的内容。不是斜体的内容需要照原样输入。按照这个模板，代码 help（help）可以执行（获取关于关键字 help 的帮助文档）。代码 help() 也是可以执行的，虽然括号里面没有任何内容（因为 *[object name]* 是可选内容）。

▶ 网址（URL）和程序代码的字体是 monofont。如果你是在联网的设备上阅读本书，单击地址即可访问那个网站，试试访问 dummies 网站。

▶ 有时需要选择菜单栏中的某一项，这个菜单可不是饭店的菜单。例如我让你选择 File → New File，意思是从 File 菜单里选择 New File 选项。

▶ Ctrl 表示键盘上的 Ctrl 键，Ctrl+A 组合键的意思是在按住 Ctrl 键的同时按住字符 A 键，然后同时松开。如果使用 Mac 计算机，键盘上有个控制键，使用这个控制键。Ctrl-A 组合键的意思是按住控制键再按字符 A 键，然后同时松开两个键。不要使用选择键或者命令键。

▶ 如果你使用的是 Mac 计算机，我说的 Enter 键就是 Mac 计算机键盘上的 Return 键。

给达人迷们的假设

在本书里，我并没有对读者做过多的假设。阅读本书，需要读者至少要能打开计算机，会访问开始菜单（Windows 操作系统）。要想安装 Python 程序，你需要有这台计算机的管理员权限。万事开头难，通读本书需要你下定决心，坚持下去。

本书使用的图标

警告图标提示你要小心！这里面的信息有可能会解决你的大问题。如果不留意这些警告信息的话，可能会丢失数据。

在很长的一段时间里你都要用到此信息，所以要牢记它。

这个图标提示了方便编写程序的快捷信息。

这个图标表明所提示的信息不仅适用于 Python，还广泛适用于编程领域。

本书之外的信息

除了本书还可以找到更多的信息：

- **备忘单**：本书在网上有一份备忘单，访问 dummies 网站上的 pythonforkids 页面，里面罗列了 Python 的关键字、常见的内置函数以及标准库里选择出的一些函数。当你编写程序时可以作为参考资料。
- **dummies 网站在线文章和附加项目**：除了本书中的项目之外，网上还有一些附加项目，你可以访问 dummies 网站上的 pythonforkids 页面获取它们。
- **brendanscott 博客**：访问我的博客。本书许多项目的灵感都起源于那里。每个项目都有自己的博客专题以及其他一些可尝试的东西。如果有什么反馈，可以在博客留言。

马上开始

现在我们马上开始第 1 章，去了解 Python 这个语言能做什么，怎么安装它。在你继续第 2 章之前，确保你已经学会了 Ctrl+C，这样你就准备好写自己的第一个程序了。因为每个章节都是独立的，所以你可以按照自己的喜好在任意项目中穿梭。不过要注意，虽然每个章节不会使用之前项目的代码，但还是会使用到之前项目介绍的概念。

了解 Python

这一部分里……

第1章
初识 Python

在本章里，将会向你介绍 Python 这门语言可以应用在哪些领域以及它的可用武之地。我会介绍当前主流的两个 Python 版本。本书关注的版本是 Python 2.7。我会在后面的章节解释原因。阅读完本章，你将学会安装 Python 2.7（如果你在此之前还没有安装过），然后启动它。我还会讲解如何停止运行 Python。

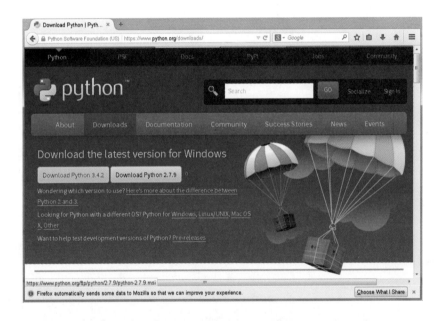

本项目会向你展示如何获取 Python 的文档，包括内置和在线两种方式。假如你之前从未浏览过互联网，我会告诉你如何通过互联网寻找解决 Python 问题的方法。另外，你也可以浏览一下 Python 的社区，在那里你可以寻求帮助或者获取一些新的观点。说了这么多怎么还没有切入实际的编程？别担心，我们会在第 2 章开始编写程序。

长话短说，如果你已经安装过 Python，并且可以启动和停止它，那你就略过本章直接进入第 2 章吧。

Python 是什么？它为什么这么神奇？

Python 是 Guido van Rossum 在 20 世纪 90 年代编写的一门编程语言。编程语言可以用来控制计算机如何工作以及用什么样的方式工作。

使 Python 编程语言声名远扬（以有用和有趣而闻名）的原因有以下几点：

- **Python 代码可读性好、易于理解**。事实上，我认为 Python 的代码卓越并且优美（嗨，当然这只是我个人的观点）。它的优美在于它无形之中就把复杂的事情简单化了。这使得 Python 易于学习，它也是孩子学习编程的绝佳选择。

- **Python 生产效率高**。Python 可以把复杂的任务简单化，几乎所有的编程问题，使用 Python 解决起来都要比使用其他语言容易得多。计算机术语称之为 RAD（快速应用开发）。

- **Python 是危险的**。Python 能做的事情太多。所谓能力越大，责任也越大。（记得蜘蛛侠吗？）你应该使用 Python 做正确的事而不是去作恶（如果你想用 Python 去做坏事，那你现在还是不要继续阅读下去了）。

- **Python 是一门脚本语言**。程序输入到 Python 的解释器里就可以直接执行，没有编译的过程（其他某些语言会有编译过程）。这使得你的 Python 代码很快就能得到反馈（例如找到程序的错误）。Python 意味着你可以快速完成并执行你编写的程序，这使得编程非常有趣。

- **Python 支持跨平台**。几乎任何人都可以使用它，无论他的操作系统是 Windows 操作系统、Mac 操作系统，还是 Linux 操作系统。不论是个人计算机、服务器还是小巧的微型计算机，比如树莓派，都可以运行 Python 程序（在 dummies 网站上的 pythonforkids 页面上专门准备了一个面向树莓派的项目）。你甚至可以在安卓和 iOS 的平板电脑上运行 Python 程序。我正是用安卓平板电脑编写了本书早期章节中的代码。

- **Python 的变量支持动态类型**。如果你之前没写过程序，可能就不会有所体会。动态类型变量使得编写程序非常容易，因为这个机制让你可以直接使用一个变量，而不是先向计算机说明这个变量应该是什么样子的。

- **Python 从大量的第三方模块汲取了大量帮助**。也就是说已经有很多别人（第三方）已经写好的库。库是一段用来做特定事情的代码。使用库可以让你的工作变得更加容易，这是因为每次编写代码的时候，你可以应用已经写好的库，而不用从零开始编写程序。Minecraft 项目就应用了一个第三方的库来改变树莓派上的 Minecraft 游戏。

- **Python 是免费软件**。也就是说 Python 的授权允许你自由使用 Python。我认为这是非常重要的。任何人都可以免费下载和运行 Python。你所编写的任何 Python 程序所有权都归你所有，并且你可以按照自己的想法分享你的程序。这也说明 Python 本身的源代码（人类可读的计算机代码）也是公开的。当你足够勇敢的时候，可以看看 Python 的开发者是如何编写 Python 的（但 Python 是用另一种语言编写的）。

Python 不仅仅是蟒蛇的意思

Python 语言是根据一个名为 Monty Python（巨蟒剧团）的喜剧团所命名，而不是源于爬行的蟒蛇。Monty Python 主要在 20 世纪 70 年代比较活跃（40 多年历史了，甚至会更长久，对不对？）。这个喜剧团有一档叫 *Monty Python's Flying Circus*（《巨蟒剧团之飞翔的马观团》）的电视秀。另外他们还出演了很多电影。最有名气的一部叫 *Monty Python and the Holy Grail*（《巨蟒剧团与圣杯》）。

谁在使用 Python?

Python 的用武之处无所不在。

- **太空**：国际空间站的机器宇航员 2 号使用 Python 编写它的中央命令系统。欧盟计划在未来的一项任务中使用 Python，任务是在 2020 年的时候去收集火星的土壤标本。
- **粒子物理实验室**：Python 被用来帮助分析在 CERN 大型强子对撞机原子实验中产生的数据。
- **天文学**：MeerKat 无线望远镜阵列使用 Python 编写其控制和监控系统。
- **电影工作室**：工业光魔（《星球大战》制片公司）使用 Python 自动化其电影的制作过程。三维计算机图形软件 Houdini 的副产品，就使用 Python 作为程序的接口并且使用 Python 编写发动机的脚本程序。
- **游戏**：Activision 工作室使用 Python 来构建游戏、测试、数据分析等。他们甚至用 Python 来发现用户之间的作弊行为。

- **音乐产业**：Spotify 音乐流服务商使用 Python 为用户提供音乐服务。
- **视频产业**：Netflix 使用 Python 来确保电影服务持续运行，YouTube 也大量应用了 Python。
- **搜索引擎**：早期的 Google 就是全部使用 Python 开发的。
- **医药行业**：Nodality 公司使用 Python 处理抗癌所需要的信息。
- **操作系统（管理你的数据）**：例如 Linux 和 Mac OS X 操作系统使用 Python 实现系统管理功能。
- **智能家居**：Rupa Dache 和 Akkana Peck 在房子里安装上感应器，用 Python 让你的家实现自动化。当你进入某个房间的时候会自动拉上窗帘并点亮灯光。

应用 Python 的领域还有很多，重点是 Python 可应用在任何你感兴趣的地方。

使用 Python

当你读完本书，你可以做如下一些事情：

- 制作一个数学训练器来练习乘法口诀。
- 编写一个简单的加密（密码）程序。
- 用 Python 在树莓派上创建和修改你的 Minecraft 作品（请访问 www.dummies.com/go/pythonforkids 查看这个项目的详情）。

当你通过上述项目熟练地掌握 Python 之后，若还想进一步练习 Python，可以尝试如下一些项目：

- 使用 Tkinter（或者其他组件）来开发图形化的应用程序，而不是只能通过文本界面与用户交互的应用程序。
- 你可以通过自定义的脚本来扩展其他的一些应用程序，例如 Blender（3D 建模软件）、GIMP（2D 照片处理软件）、LibreOffice（办公软件）。我之前就用 Python 修正过用 Blender 制作的一些 3D 模型。如果这些工作徒手来做，将会花费大量的时间。我写了一个 Python 脚本，很快就完成了任务。
- 你可以用 Tkinter、Pygame 或者 Kivy 库来开发带图形界面的游戏。本书中介绍的游戏只有文本界面。

🢒　你可以使用 matplotlib 库制作数学或者科学课里的复杂图形。

🢒　借助 OpenCV 库，你可以体验一下计算机视觉。对机器人感兴趣的人使用计算机
　　视觉来帮助机器人查看和抓取物品，以及帮助机器人在移动的时候避开障碍物。

不论你想用 Python 做什么事情，很可能之前有人已经写过类似的代码做了你想做的
事情，即使之前没有人做过，Python 也会帮你做到。

理解本书的教学方法

书的标题仅仅是为了吸引父母们的眼球（我希望他们没有看到这段文字，注意了，如果
他们没有看到书的标题，那么告诉他们这本书是有其独特教学理念的——ped-uh-goj-
i-cul，它的意思是教育或者教学）。

本书的重点是给你提供了很多关于编程的概念，这是你在学习使用 Python 编写程序
时需要知道的知识。没错，这本书就是写给想用 Python 写程序的青少年们的。

面面俱到

本书要覆盖 Python 的所有方面是不可能的。Python 单就某一领域来说，都有很多
实现手段。如果你想穷尽每种实现手段，你会昏昏欲睡的（或者把本书扔掉）。那样你也
不会继续学习 Python 了。

当你阅读本书的时候，脑海里要时刻记住一点，我努力向你传授做一名 Python 程序
员所需要的足够用的知识，但这不意味着你要像超人一样全部掌握这些知识。你可以根据
自己的需要查看文档获取帮助。

这些条条框框束缚了你的编程进展，如果你觉得进度太慢，就略过本项目吧。这些例
子是互相独立的，这意味着你会完成很多小的项目而不是几个大项目。这是我故意安排的，
这样你就可以按照你喜欢的顺序来完成这些项目。现在已经有足够多的人告诉你该怎么做
了。挑你喜欢的顺序阅读本书吧。

前几个项目使用简单的英语来描述，而不是用技术术语所堆砌。随着深入阅读本书，
你将会遇到更多的专业术语，同时手把手的指导会减少。越深入阅读本书，你就越要努力
地去掌握这些内容。

如果你渴望深入 Python

如果你想透彻地了解 Python 的某个特定方向，首先尝试 Python 的帮助函数，其次是 Python 的内省功能和 Python 在线文档。本章的后面几节会详细介绍它们。另外你也可以尝试其他的参考手册，不同的教学书会有所不同（本来不同的教学书就应该不一样）。本书囊括了非常多有趣的信息和幽默。而参考手册则是烦琐的细节（这是很有用的，有时候这也非常重要）。你也可以找一本 Python cookbook（书里有各种解决特定问题的代码片段）。

带你编程带你飞

这些项目努力向你展示实际编程的样子，但是不会让你感觉到厌烦。当你写代码解决问题的时候，可能需要合适的方法和道具（工具）去完成任务。我会在带你完成每个项目的时候，一步一步地教授你使用这些工具。你最好尽量尝试每一个步骤，不要略过任何一个。

如果你想运行正在做的某个项目，就翻到那个项目的最后部分，复制粘贴那个项目的代码。如果你想学习 Python，那么最好把每个项目当作一段旅程，而不是目的地，和我一起做每一个项目并且亲自敲打这些代码。

为什么本书使用 Python 2.7

Python 从 2.7 版本（有时称为 Python 2 版本）演变出来一个新的版本，称为 Python 3。这个演变已经花费了很多年时间。虽然 Python 3 和 Python 2 看起来很相似，但是两者互不兼容。你用 Python 2 版本写的脚本并不能保证在 Python 3 版本下也可以运行，反之亦然。

本书采用 Python 2 还是 Python 3 也很难抉择。我选择 Python 2（特指 Python 2.7）的原因主要是 Python 2.7 有最多最好用的第三方库。例如网站 www.dummies.com/go/pythonforkids 所示的 Minecraft Pi 项目就需要 Python 2 这个版本。如果你想用 Python 做点事，就可能会用到第三方模块，这种情况下你可能就需要 Python 2 版本。支持 Python 3 版本的第三方模块通常都会支持 Python 2 的版本，反之则不一定可行。这种情形在未来的几年将会得到改善。

Python 3 与 Python 2 主要的差别在语言的高级特性上。因此即使我在本书里选择了 Python 3，也不会涉及很多 Python 3 的新特性。

最后一个原因，Python 2 是 Mac OS X 系统默认安装的一个软件。这就意味着，如果读者使用的是 Mac OS X 操作系统就不需要去下载和安装 Python 软件。大部分 Linux 计算机也默认安装了 Python（但你需要确保安装的是 Python 2.7 版本）。

注重实用

希望你在日常生活中可以使用到项目中的某些知识。这些知识也许可以帮你完成家庭作业，或者帮你记录私人笔记。我从小处着手，实现伟大的梦想。请和我一起通过前几个项目开始伟大的梦想吧。

在 Mac OS X 系统上安装 Python

想在 Mac 操作系统的计算机上启动 Python，可以参照如下几个步骤：

1. 按下 Cmd + Space 组合键打开 Spotlight 软件。

2. 输入单词 terminal。

或者从 Finder，依次选择 Finder → Go → Utilities → Terminal。这样就打开了终端窗口。

3. 在终端里输入 python。这时 Mac OS X 内置的 Python 解释器就启动了。

在 Windows 系统上安装 Python

很不幸，Windows 系统没有自带 Python。如果你使用的是 Windows 操作系统，你需要根据下面的步骤下载和安装 Python。在 Windows 系统上安装 Python 并不难。你只要之前在网络上下载过文件，那么你就已经掌握了安装 Python 的技能了。

幸运的是，Python 基金会（领导 Python 开发的那些人）制作了 Python 安装包放到了互联网上供大家下载使用。

我在安装 Python 时发现，Firefox 浏览器和 IE 浏览器在下载 Python 时有些不太一样的地方。所以下面的安装步骤需要根据浏览器的不同加以区分。如果你使用的是其他的浏览器，那你可以尝试按照 IE 浏览器的步骤来操作。

使用 Firefox 浏览器

在 Windows 操作系统上使用 Firefox 浏览器的用户想安装 Python，请参考如下步骤：

1. 访问网址：www.python.org/downloads。

2. 单击标有 Downloads Python 2.7.9 的按钮，或者是 Python 2.7 版本下最新的一个版本。单击按钮之后，下载将会自动执行，并且保存为后缀名为 msi 的文件。如果单击按钮没有成功下载，请参考图 1.1，尝试 IE 浏览器的步骤。

3. 下载完毕后，单击 Firefox 浏览器的下载工具图标。

4. 单击文件 python-2.7.9.msi（或者是你下载的更新的那个版本）。这样 Python 2.7.9 就安装好了。

图 1.1

使用 Firefox 浏览器
下载 Python

使用 IE 浏览器

在 Windows 操作系统上使用 IE 浏览器的用户想安装 Python，请参考如下步骤：

1. 访问 Python 官方网站。

2. 从菜单栏上依次单击页面上 Downloads → Windows 选项。你可以在图 1.2 看到所示的菜单选项。

3. 滑动页面，找到标题为 Python 2.7.9-2014-12-10 的地方。如果有 2.7 系列更新的版本，就滑动到更新的版本那里。

4. 在这个标题下，单击名字为 Download Windows x86 MSI Installer 的链接。

如图 1.3 所示，这是一个 32 位系统的安装包。这个版本对第三方库支持得最好。如果你的操作系统是 64 位的或者你不太理解这段话的意思，那么最好使用 32 位版本的 Python 安装包。

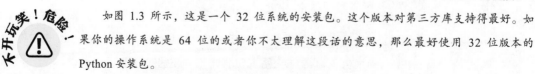

图 1.2

使用 I E 浏览器下载
Python

图 1.3

Python x86 微软操作
系统安装程序

5. 如果询问你选择运行还是保存文件，请选择运行。这样就会下载 Python 安装包
并运行安装程序。

6. 如果在开始安装的时候碰到安全警告（或者在安装的过程中随机弹出安全警告），
请选择运行。

7. 接受安装包提供的默认安装选项。

在 Linux 操作系统上安装 Python

如果你使用的是 Linux 操作系统。确保你安装的是 Python 2.7.9 版本而不是 Python 3，理论上应该不会出现这个问题。因为目前 Python 2.7 是 OpenSuSE、Ubuntu 和 Red Hat Fedora 的默认安装版本。

如果不幸碰到系统默认安装的是 Python 3 版本而不是 Python 2.7，请参考系统文档，查清楚如何使用包管理器获得 Python 2.7 和 IDLE。

把 Python 固定到开始菜单

安装完 Python 之后，最好是把它固定到开始菜单。这样你在后面章节需要使用它的时候，可以便捷地找到它。

在开始菜单的选择框中输入 Python，或者单击所有程序。在文件夹 Python 2.7 里面，你会找到如下几项，如图 1.4 所示：

你将使用这些程序

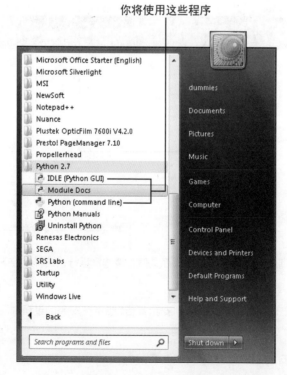

图 1.4

开始菜单中的 Python 条目

- IDLE（Python GUI）。

- Module Docs。

- Python（command line）。

- Python Manuals。

- Uninstall Python。

这几项里面，你将会用到的是：

- IDLE（Python GUI）。

- Python（command line）。

为了能方便地找到它们，将它们固定到开始菜单：

1. 打开开始菜单。

2. 依次选择所有程序→ Python 2.7。

3. 右键单击 IDLE（Python GUI），如图 1.5 所示。

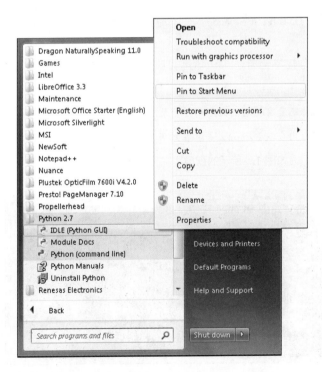

图 1.5

单击右键，选择将
Python 固定到开始菜单

4. 选择固定到开始菜单。

5. 右键单击 Python（command line）。

6. 选择固定到开始菜单。

你将会在开始菜单的顶部找到它们，如果你愿意，还可以将它们固定到任务栏上。

在平板电脑上使用 Python

你是否有兴趣使用平板电脑运行和编写 Python 程序？如果对此有兴趣，看看 Kivy 库。我在平板电脑上安装了 SL4A，全称为安卓脚本层。一起安装的还有 Python 解释器以及用 SL4A 编写的早期几个章节的草稿。在平板电脑的软件商店查找 Python 解释器，并且找到适合你的那款去下载。

因为不同的平板电脑展示图形的方式不同，Python 编写图形化程序相对文本程序要使用特殊的库。平板电脑仅适用于本书中没有图形化界面的程序。除非你准备去调研那些库，并且用你找到的库来重写项目。如果是这种情况，那么你的水平就超过了本书所讲的内容。

另外，最好有一个物理键盘，根据我的体验，软键盘（触摸屏）不是那么方便去输入 Python 需要的词汇。不过触摸屏对于输入日常英语来说还是很方便的。

启动 Python 解释器

如果你还不会启动 Python，那么你需要使用本书了。单击固定在开始菜单的 Python（command line）。

如果你还没有把它们固定到开始菜单，友情提示，最好还是把它们固定一下。你也可以在查找框内查找 Python，并且在结果中单击 Python（command line）。

你会打开如图 1.6 所示的窗口。

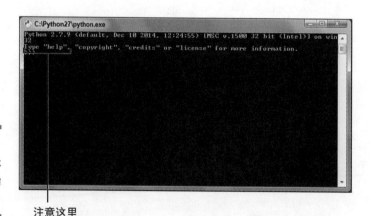

图 1.6
Python 命令行提示你
如果需要帮助，请输
入 help

注意这里

使用 Python 内置文档

Python 自带帮助文档。实际上图 1.6 在开始的欢迎消息里面就告诉你了。如果你输入 help 并按回车键，就会得到更多的帮助选项。输入 help()（包含括号），就会得到如图 1.7 所示的交互式帮助信息。

```
C:\Python27\python.exe
Python 2.7.9 (default, Dec 10 2014, 12:24:55) [MSC v.1500 32 bit (Intel)] on win
32
Type "help", "copyright", "credits" or "license" for more information.
>>> help()

Welcome to Python 2.7!  This is the online help utility.

If this is your first time using Python, you should definitely check out
the tutorial on the Internet at http://docs.python.org/2.7/tutorial/.

Enter the name of any module, keyword, or topic to get help on writing
Python programs and using Python modules.  To quit this help utility and
return to the interpreter, just type "quit".

To get a list of available modules, keywords, or topics, type "modules",
"keywords", or "topics".  Each module also comes with a one-line summary
of what it does; to list the modules whose summaries contain a given word
such as "spam", type "modules spam".

help> _
```

图 1.7

Python 的交互式帮助已为你准备好了

一旦你打开帮助服务，输入想要了解的内容，就可以获取它的帮助信息。但是这个帮助服务对复杂查询是无能为力的（正如你在网络上也无法查找到复杂的信息），所以简单点。比如输入 range 而不是输入如何获取一段数字（这样就能查看到 range 的帮助信息）。输入 quit 就可以退出交互式的帮助。

你可以给自己的程序编写帮助文档，在第 5 章会涉及这部分内容。

终止 Python 解释器运行

不运行 Python 解释器就无法使用本书，但是，一旦 Python 运行起来，你也会想停止运行它。如果你已经迫不及待地要编写程序，可以略过本节直奔第 2 章。

在命令行方式下，你可以用如下任何一个方法停止运行 Python：

- 输入 exit()，包括括号在内。按回车键（这个适用于任何平台，如果你使用的是 Mac 操作系统，回车键和返回键是同一个）。

- 单击 Python 运行窗口的关闭图标（适用于任何平台）。
- 在 Windows 操作系统下，输入 Ctrl + Z 组合键然后按回车键。
- 在 Linux 和 Mac 操作系统下，输入 Ctrl + D 组合键。

如果你使用的是 Mac 操作系统，确保你使用的是 Ctrl 键，而不是 Command 键，另外，我说回车键的时候，对使用 Mac 操作系统的用户来说指的是 Return 键。

查找 Python 在线文档

之前我说过，本书内容没有覆盖 Python 可以做的所有方面。我也做不到仅用一本书来阐述 Python 的所有方面。但是，这本书可以让你熟悉使用 Python 编写程序。使用这本书仅仅是一个起点，如果你想了解 Python 更多的内容，可以通过如下几个方法获取：

- Python 在线文档。
- Python 自省功能。
- 专业的互联网网站。
- 源代码（这种方法用得不多）。

Python 在线文档

获取 Python 在线文档可访问 python 官网，点击顶部 Docs，再点击左侧 Python2.7，最有用的两个章节如下：

- Python 语言指南，查看 Language Reference。
- Python 标准库文档，查看 Library Reference。

文档的左侧有个快速查找栏，如图 1.8 所示。输入你要查找的问题，Python 将会在文档中搜索。如果你知道要查找的 Python 关键字、模块名或者感兴趣的错误信息，查找效果会非常好。

文档会说明你查找的 Python 特性，另外还会附带一段示例代码用于展示如何使用这个特性（本书的介绍章节说明了如何去阅读示例代码）。文档包含的内容非常多。作者假设读者们很清楚程序员如何编写文档，因此这个文档读起来有些晦涩难懂。

如果你想精通 Python，那么阅读文档是你必须要掌握的一个技能。Python 文档看起来是用另外一种语言书写的，但是不要害怕，慢慢看即可。随着你看的文档越来越多，你从里面获取到的信息也就越多。很快,你之前完全不懂的内容就变得小儿科,那时候说明你进步了。

在这里输入你要搜索的信息

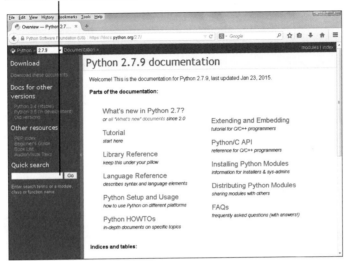

图 1.8

Python 在线文档非常有用

Python 内省特性

帮助文档的第二种形式是 Python 的内省特性。内省的意思是指程序本身可以说明自己的功能。内省有很多部分,你之前已经遇到了一个,帮助功能就是其中之一。想了解其他形式,你需要深入地学习 Python。随着深入本书后续章节,我会向你介绍其余的几种形式。

Professor 网络

第三种帮助形式我喜欢称之为"Professor 网络"。当你在网络上搜寻问题的时候,确保 Python 是其中的一个关键字,后面跟着你想查询的内容。如果想查询的内容是某个事物的一部分,或者与某个事物相关,则把那个词也作为搜索关键词加上。举个例子,不要搜索 print,因为太宽泛了。搜索 python print(大小写不重要)。再例如,如果你对 Tkinter 的 Button 感兴趣,你最好搜索 python button Tkinter。

记住比较好

对于交互式的帮助,可以使用不同的策略来查找你想要的内容。

如果搜索结果中有广告,忽略即可。

源代码

源代码是帮助的终极手段了。记住,Python 是解释型语言,即你所看到的代码就是计算机执行的代码。因此,如果你想了解第三方模块做了什么(Python 本身不是用 Python 编写的,不适用这个方法),你可以逐行查看第三方库源代码一探究竟。开始你可能看不懂,没关系,继续深入下去,慢慢就会了解了。

加入更广阔的 Python 社区

到 Python 社区去看看吧。查找 Python 相关的论坛。Stackoverflow 这个网站对解决问题帮助很大。

搜索结果经常会表明,你不是世界上第一个碰到这个问题的人。如果你知道问题的答案就回答一下。如果是正确的,会获得良好的声誉。

但是不要胡猜问题的答案,确保只发表正确的答案。另外,不要在网络上泄露个人信息,要知道你的目标是学习编程。

PEPs

Python 一直在发展,不断地演变,我们使用 Python 的提议文档被称为 Python 增强建议书(以 PEPs 闻名)。每个 PEP 提议对 Python 进行改进。这些提议可能被接受也可能被忽略。这些文档会介绍某个 Python 的改进被加入 Python 的历史记录。

你可以忽略绝大部分的 PEPs,在继续本章项目之前,我建议你查看以下两个 PEPs:

- PEP 8,Python 代码规范制定了如何格式化你的 Python 代码。例如,它建议了代码块缩进的数量。另外它还制定了命名规则(也称为*约定*)。

- PEP 257,文档字符串约定规定了文档字符串不同的约定规则。文档字符串用文字解释了一个程序(或一段代码)的作用。你会在第 5 章中见到文档字符串。

你也不是必须要遵从 PEPs 的规定,但尽量去遵从。这样方便他人阅读你的代码,同时也方便自己阅读代码。我之前编写的 Python 代码与 PEP 8 不兼容,所以回顾之前的代码非常痛苦。举个简单的例子,大小写的命名是不同的。

Planet Python 与 PyCon

Planet Python 网站汇集了很多与 Python 相关的博客。对初学者来说，很多文章很难理解。像其他的事物一样，坚持阅读，慢慢就理解了，很多顶尖的 Python 程序员在 Planet Python 上都有自己的博客。关注他们的博客会从中受益匪浅，这是我的切身体会。

来自世界各地的 Python 程序员，定期在会议上聚集。那些会议被称为 PyCon。会议地点会注明在会议的名字上。例如在澳大利亚举办的会议被称为 PyCon-AU。访问 Pycon 网站就可以查看一系列的会议地点列表。

我的意思不是让你坐飞机去参加 PyCon-AU 的会议（或者离你更近的一个会议）。我建议你在网络上观看那些会议的视频。各个 PyCon 会议的视频，过段时间都会上传到网站 http://pyvideo.org。查看该网站，寻找你感兴趣的视频观看，这是了解新东西非常有效快捷的手段。

如果可以找到的话，看看那些会议演讲的幻灯片。幻灯片可能会有些难找，但是容易下载和易于观看。先找找看吧。我会经常研究那些幻灯片，没准你也想下载视频。

处理问题

有两种常见错误：

- 语法错误表明你书写有错，这是最常见的错误信息。习惯仔细阅读你输入的内容，并和你真正想输入的内容仔细对比。

如果你在运行某段示例代码时遇到了问题，首先要做的事情就是确保你输入的代码是正确的。

- 如果你理解错了要做的事情，或者理解错了你想要 Python 去做的事情，这时就会出现逻辑错误。这些错误比较难定位，也很难去跟踪。仔细对比实际得到的结果和你期望的结果。这就意味着你首先需要通过某种方法获得正确的输出。第 6 章展示了定位和解决逻辑错误问题的步骤。

当 Python 运行出错的时候，它会尽量告诉你为什么出错，以及提供哪里出错的线索。试着理解 Python 提供的信息，通常它都会告诉你该如何去做。

有时候，因为你已经假设某件事是不正确的，所以会遇到问题。如果你不能想清楚到底哪里出了问题，建议先仔细思考你做的假设。如果这样还没有任何进展，去做些其他的事情，理理思路。去喝点水，喂喂兔子，或者站起来到处活动活动，做些事转移你的思路。但不是让大脑走神（浏览 Instagram 可不是一个好主意）。做完这些事，再回到 Python 的问题上。全新的思路将会帮你发现问题所在，很可能帮助你找到问题的解决方法。

如果这还不管用，在你编程的时候，把你的兔子（或者你的狗、金鱼、其他宠物等）放在旁边。如果你碰到了解决不了的问题，停下手中的事，把问题说给你的宠物或者某个物体听。

大声地朗读问题是非常古老的调试（修复问题）技术，效果非常好，因为你首先要理解这个问题，你才能把问题给其他人说清楚。

因为你需要用语言来表达你的问题，这将需要你的脑子用不同的部位去参与，从不同的角度来思考这个问题。如果你像我一样不是那么健谈，那就记录编程日志吧。这个理念和之前的一样，在你的日志里面记录下问题的说明和你为什么无法解决这个问题，我保证这种方法将会帮你克服很多困难的问题。

如何去学习

只读书是不够的，你必须要动手去实践。作为书，感受书，变成……（忽略最后一句话吧！）

实践

严肃地说，如果你想学习，你就要亲自实践，没有人仅通过阅读就可以学到所有的知识。不仅学习 Python 是这样，学习其他任何知识也是同样的道理。

当你阅读本书的时候，最好也动手去实践。不要仅仅复制粘贴那些代码，亲自输入每行代码，至少前几个项目要这样。这样做的好处是，你阅读亲自书写过的代码，就会理解为什么代码要这样写，复制和粘贴是不会让你像这样理解代码的。继续下去，你还可以添加自己的代码。如果你可以自主增加自己的代码，那将会更加快速地掌握 Python。

犯错

实践肯定会出错，如果你自由发挥，代码出错了或者出了问题也不要担心（使用另存为做备份）。

每个人第一次写代码都会出错，要么是逻辑错误，要么是拼写错误。

犯错与实践同等重要。

这是非常正常的。事实上，写程序是一个前进的过程，需要不断试错和改正。专业的程序员每天也都在犯错。这并没有影响到他们，因为他们将代码分解成小模块来编写，并会对编写出来的代码做测试。

思考

当你发觉程序执行出错，或者你的运行结果与你预期的结果不同时，花些时间去思考为什么会这样。如果你思考得足够久、足够深入，肯定会想明白为什么会这样。

犯错还不足够教会你，这是思考和理解之路的一部分，也是要学习的东西。弄明白自己是如何做到的，这和 Python 有点相像。

Ganbatte Ne！

日语里有一个最出名的词语——ganbatte，它的意思是庆祝、好运、尽力、有勇气、不放弃、你可以做到的。当你开始学习编程的时候，你的梦想很大但是技能很匮乏。你可能会感到很困难，因为你看到的那些示例程序是某个团队花费了数个月时间完成的。加上现在，图形化专家使程序看起来有些特别，它使得情况发生了很大变化。

坚持下去，你的付出会有收获的。

总结

在本章中你会有如下几点收获：

- 知道 Python 可以应用在哪些方面以及如何应用 Python。
- 了解了 Python 的两个版本，以及我们采用 Python 2.7 的原因。
- 安装 Python，启动和终止 Python。
- 认识了 Python 内置帮助和 Python 在线文档。
- 简单介绍了 Python 社区。

第 2 章
构建第一个 Python 程序：Hello World!

在第 1 章里，你已经成功安装了 Python 并且启动了 Python 解释器。第 2 章将带你领略 Python 的风采，通过本章的锻炼，你将会从普通人晋级为一名真正的 Python 程序员。

沿袭学习一门新编程语言的传统，第一个程序必是写"Hello world！"在你开始这个项目的时候，你已经开始追随许多伟大程序员的脚步了。

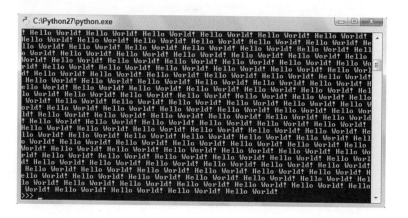

在这个项目里，你将学会程序是如何通过创建（输出）消息来和用户进行交互。你将了解到 Python 是如何存储数据的，以及 Python 如何按你的吩咐去获取已经存储的数据。这意味着你可以在程序的其他部分复用这份数据。

你将看到 Python 是如何通过程序一步一步解决问题的。如果程序陷入了混乱状态应该怎么办，如何让程序变得混乱（为了测试如何终止它）。最后学习一些重要的编程技术（循环），利用这些技术就可以使问候语覆盖屏幕。

编写 Hello World!

要想创建你的第一个程序，请按照如下步骤操作：

1. 打开开始菜单，选择 Python（command line）选项。在第 1 章中，已经把这个选项固定在了菜单栏中。你将会得到类似 >>> 的提示符。

本书中代码用一种专门的字体来印刷，目的是为了展示它们是 Python 代码。

现在你是使用交互模式与 Python 解释器打交道。提示符 >>> 的目的就是告诉你，你应该输入些代码了。

2. 紧随提示符的位置，输入下面的内容，在字符的起始位置和终止位置使用单引号。单引号按键在回车键旁边。

```
print ('Hello World!')
```

3. 按回车键，Python 解释器就会运行你输入的代码。你将看到如图 2.1 所示的输出结果。祝贺你，你已经成功写完了你的第一个程序。

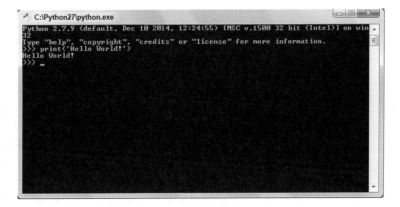

图 2.1

你的 Hello World! 程序已经准备好了接收更多指令

如果你没有得到如图 2.1 所示的结果。照着书上的代码，仔细检查你的输入。

- 检查括号和单引号是否在正确的位置。
- 检查每个开括号是否有对应的闭括号（否则你的括号就不匹配了）。
- 检查每个开引号是否有对应的闭引号。

程序语言都有自己的语法和标点符号规则。这些规则就是编程语言的语法。人类可以完美理解大多数句子，即使它不符合语法规则（看，你能明白我要表达的意思吧）。但是 Python 就不一样了，如果你搞错了它的语法，它就会彻底崩溃。

定位和修复错误

在你按下回车键之后，Python 解释器马上就会分析你输入的每行代码。在 Hello

World! 这个程序里面, 你使用了 Python 的打印功能。print 接收括号内的数据并将它输出到命令行 (也称为*控制台*)。

Python 对语法和拼写非常敏感, 如果你的输入拼写有错误, 程序就无法运行起来, 如果你没有输入 Python 程序期望的特定字符, Python 程序也是无法运行的。下面展示了若干 Python 的问题, 你能想到解决它们的方法吗?

```
>>> pritn('Hello World!')
Traceback (most recent call last):
  File "<stdin>", line 1, in <module>
NameError: name 'pritn' is not defined
```

这里还有一个例子:

```
>>> print('Hello World!)
  File "<stdin>", line 1
    print('Hello World!)
SyntaxError: EOL while scanning string literal
```

这是另外一个例子:

```
>>> print 'Hello World!')
  File "<stdin>", line 1
    print 'Hello World!')
                        ^
SyntaxError: invalid syntax
```

Python 会尽可能地给出失败的原因 (就是那些 NameError 和 SyntaxError)。

检查下面的每一个可能:

- 所有的命令拼写是否正确 (错误1)。

- 每个开引号是否有匹配的闭引号 (错误2)。

- 每个开括号是否有匹配的闭括号 (错误3)。

Python 2 使用 print VS. Python 3 使用 print()

本章里, 你编写的第一个程序使用的 print() 方法并不需要括号。Python 2 的 print 与 Python 3 的 print 语法不一样。在 Python 2 里, print 是一个关键字, 在 Python 3 出现之前, Hello World! 这个程序编写起来相当容易, 就如下面所示:

```
print "Hello World!"
```

这个程序并没有使用括号。不知道出于什么原因, 负责 Python 开发的 Python 软件基金会, 在 Python 3 改变了语法规则, print 需要使用括号了。当你编码的时候, 记住在你要输出的内容两端加上括号。

在本书的代码里, 如果你没有使用括号, print 也是可以正常工作的 (什么? 不相信我? 那你就亲自动手试试吧)。因为 Python 3 的语法要求用括号, 因此我在这里也使用了括号, 所以当你换成 Python 3 版本时, 这些代码也是可以正常使用的。

使用文字常量

在 Hello World! 这个程序里面，print 关键字发送的消息称为文字*常量*。可以认为文字常量就是单引号所包含的内容（单引号是 '，而双引号是 "）。

在编程语言领域，文字常量属于基础类型，你可以随意使用这些文字常量，但是不能修改它们。它们可以在程序里面单独存在，但是什么都不做。

```
>>> 'Hello World!'
'Hello World!'
```

这个程序除了包含一个文字常量，什么都没有了。这与 Hello World! 那个程序有些许不同，在之前的程序里面，Python 打印的结果并没有被单引号所包含。但在这个例子里，第二行的内容被单引号所包含。

Python 并不断定文字常量的内容。也就是说，你可以有拼写错误，可以用稀奇古怪的词来填充文字常量，甚至用拼写错误的古怪词汇来填充文字常量也是可以的。Python 程序对此并不会报错。

单引号在这里是非常重要的，如果你忽略了单引号，Python 就会认为这段文本是告诉它去执行命令。在本例里，Python 并不知道 Hello 和 World 的作用是什么。

```
>>> Hello World!
  File "<stdin>", line 1
    Hello World!
               ^
SyntaxError: invalid syntax
```

这里提到的常量都是字符串常量，*字符串常量*可解释为文本，而不是数字（我不知道为什么它们被命名为字符串常量而不是其他的什么名字，比如字母常量）。你可以通过在文字常量的两端各添加一个单引号生成字符串常量。

```
Hello World!  →   'Hello World!'
```

但是要注意一点，如果文字常量本身已经包含了单引号（例如单词 didn't），那么会发生什么。

```
>>>  'didn't'
  File "<stdin>", line 1
    'didn't'
          ^
SyntaxError: invalid syntax
```

Python 遇到第二个单引号的时候，会认为碰到了字符串常量的结尾，但这其实并不是你想要的字符串结尾。

包含单引号的文字常量可以通过使用双引号来生成。双引号在任何情况都可以使用，即使单引号没有出现。

```
>>> "didn't"
"didn't"

>>> '"I have a very eely hovercraft," he said.'
'"I have a very eely hovercraft," he said.'
```

创建包含单引号和双引号字符串常量的方法有很多，其实不仅限于此，你还可以通过3个单引号和3个双引号来创建字符串常量。

```
>>> '''This is a literal made with triple single quotes.'''
'This is a literal made with triple single quotes.'

>>> """This is a literal made with triple double quotes [sic]."""
'This is a literal made with triple double quotes [sic].'
```

确保你可以创建至少一个包含单引号的字符串常量、一个包含双引号的字符串常量，以及一个同时包含了单引号和双引号的字符串常量。

使用变量保存字符串常量

好的，有可能你是字符串常量创作大师，但 Python 在定义完字符串常量之后，有时候可能会忘记它，Python 将字符串常量存储在内存中，当 Python 认为这些字符串常量没有被使用时，就会将它们扔给垃圾回收器（事实就是这样，可不是我捏造的）。这就好像你把东西丢在了地上，别人可能就会将它们扔入垃圾堆，因为别人认为你不再需要它们了。

如何阻止 Python 将你的字符串常量当作垃圾回收掉呢？为你的字符串常量赋予一个名字吧，这样 Python 就不会将它当作垃圾处理掉了。这有点类似你给物品附加了一个小纸条，上面写着，这归我所有。

为字符串常量命名可以这样做：

1. 根据规则为字符串常量想一个名字。

2. 将名字放在等号的左边。

3. 将字符串常量放在等号的右边。

这里有几个命名实例：

```
>>> my_message = 'Hello World!'
>>> my_second_message = 'This name is a little long. Ideally, try to keep
                the name short, but not too short.'
```

你使用的每个名字需要遵守如下的规则：

记住比较好

- 名字应该描述这个变量的含义。例如 text_for_question 就是一个比较好的名字，表明该变量存储了问题的内容（如果你正在向用户求解问题）。然而 another_var 这样的名称就是不合格的，因为它没有描述出来这个变量是做什么的。

- 以字母或者下划线起头（使用下划线 _ 具有特别的含义，即你现在可以忽略使用这种用法）。

- 可以使用多个下划线（通常情况下只包含小写字母和多个下划线）。

- 可以包含数字。

- 可以包含大写字母（这不意味你必须要用大写字母，避免在常量名字中使用大写字母）。

- 不能使用空格。

- 不要与任何 Python 的关键字相同（这个项目里面会列出这些关键字）。

使用名字去引用你刚命名的内容，每次使用名字的时候（ 除去赋值的那一次 ），Python 看起来就像是把名字所指向的内容重新录入了一遍。

命名所引用的内容称为值。在前面的例子里，所有的值都指的是常量。在后面的项目中你将会看到各种不同的值。

无论你什么时候为一个常量命名，都是在执行赋值操作。比如 my_message = 'Hello World!'，值 'Hello World!' 被赋给了名字 my_message。

可以像下面所示重写 Hello World! 项目：

```
>>> my_message = "Hello World!"
>>> print(my_message)
Hello World!
```

将字符串常量 "Hello World!" 赋值给名字 my_message（记住，名字在等号的左边而字符串常量在等号的右边）。然后打印你刚命名为 my_message 的字符串常量。

当你已经创建了名字，你可以通过相同的命名过程改变它所命名的内容，或者使用另外的一个名字（因为引用名字的过程就是重新输入那个内容的过程）。下面的代码摘自之前的例子，用来刷新内存的内容：

```
>>> my_message = 'Hello World!'
>>> my_second_message = 'This name is a little long. Ideally, try to
                keep the name short, but not too short.'
```

现在请集中精神，把第二个名字赋值给第一个名字，然后打印它：

```
>>> my_message = my_second_message
>>> print(my_message)
This name is a little long. Ideally, try to keep the name short,
          but not too short.
>>> my_message = 'A third message'
>>> print(my_message)
A third message
>>> print(my_second_message)
This name is a little long. Ideally, try to keep the name short,
          but not too short.
>>> my_message = 'Hello World!'
```

你注意到了吗？通过不同的命名方式，或者改变命名的内容，你就无法再获取这个名字之前指向的内容了。别紧张，计算机最有威力的地方之一就在于你可以通过这个方式变换命名。因为它们可以随意改变，所以它们被称为变量。因此，你也可以说 my_message 是一个变量，变量的值是 'Hello World!'。设置或者改变变量的值被称为赋值操作。

另外注意一点，my_second_name 的值并没有发生改变。赋值过程中唯一发生改变的是等号左边的变量的值。

你可以将数字分配给变量并让它们做加法、减法和比较大小：

```
>>> a = 1
>>> b = 2
>>> print(a)
1
>>> print(b)
2
>>> print(a+b)
3
>>> print(b-a)
1
>>> print(a<b)
True
```

这个例子实际上使用了非常短的名字。符号 < 表示小于，表达式 a<b 在求解变量 a 的值小于变量 b 的值的结果是真还是假。示例中，变量 a 的值是 1，变量 b 的值是 2，变量 a 小于变量 b，因此 Python 断定这个结果为真，打印 True。

你甚至可以在等号两边引用相同的变量去改变变量的值。举个例子，给变量 a 的值加 1，你可以使用下列方法（假设使用之前 a=1 的代码）：

```
>>> a = a+1
>>> print(a)
2
```

Python 查询变量 a 的值，并且将其加 1，然后将新的值存回变量 a 中。

中断程序执行

一般情况下，如果你打断别人做事，这是非常粗鲁的行为，但我们要谈的不是这种情况。你打算创建一个永远不会执行完毕的程序吗（也被称为无限循环或死循环）？ 本节将会展示如何强制退出死循环程序。

当你的程序被锁住没有响应的时候，强制停止运行是非常有用的。秘诀就是按 Ctrl+C 组合键（同时按住 Ctrl 键和 C 键，不要按 Shift 键）。但要确保选定的是 Python 执行窗口（通过单击窗口来确认），否则你可能会错误地关闭其他程序。

现在展示一下如何写一个无限循环的程序：

1. 输入 while True:然后按回车键。

2. 按 4 次空格键。

3. 输入 pass。

4. 按两次回车键。

程序如下所示：

```
>>> while True:
...     pass
...
```

那些点是怎么回事？

当你用 Python 交互模式执行 Python 程序时，Python 会立即响应你的输入或者与你的输入交互。在 Python 交互模式下，你会得到一个类似 ... 或者 >>> 的提示符。你之前已经见过 >>> 和 ... 的意思是 Python 期待你输入一段新的代码，并且继续接收换行符，直到你在一行里面连续按两次回车键。

你可以在一个代码块内加入任意多的语句，只要确保它们的缩进量都相同即可,Python 编码规范建议缩进量为 4 个空格。

Python 解释器无响应，如果你想赋值或者随意打印什么，都毫无反应。就像一块石头横在那里一动不动。常见的 >>> 提示符也不在那里了。或许你能听到计算机努力工作的声音。

快速按 Ctrl+C 组合键跳出循环，重新获得控制权。当你这么做时会看到下列内容：

```
>>> while True:
...      pass
...
^CTraceback (most recent call last):
  File "<stdin>", line 1, in <module>
KeyboardInterrupt
>>>
```

Traceback (most recent call last): File "<stdin>", line 1, in <module> KeyboardInterrupt 这段被称为堆栈跟踪，或者栈回溯。堆栈跟踪会提供程序在遇到错误之前的执行信息。在复杂的程序里面，堆栈信息会说明在发生错误之前程序执行到了哪里。

你是否注意到了代码块中的 while 语句？当 while 的条件被满足时，while 语句就会重复执行代码块中的内容。

条件是任何可以得出 True 或者 False 的公式。如果公式结果为真，就满足条件，否则就是不满足条件。这个例子里面，条件就是 True 本身，因此，结果为真，所以满足了条件。

下面代码展示了另外一个例子，当你输入代码时，需要注意下列几点：

1. 输入 a = a + 1 之前，按 4 次空格键。

2. 输入 print (a) 之前，按 4 次空格键。

3. 输入 print (a) 之后，按两次回车键。

结果发生了什么？ 数字 3~10 被打印了出来。Python 执行了 8 次 print (a) 语句。尽管程序里面只有一条打印语句。

```
>>> a = 2
>>> while a < 10:
...     a = a+1
...     print(a)
...
3
4
5
6
7
8
9
10
```

这个例子里面，Python 遇到的第一个语句就是 while 关键字，这个关键字告诉 Python，当 while 的条件为真时，就重复执行下一代码块的内容。这个例子中，条件是 a < 10。代码块共有两行，a = a + 1 与 print (a)。如何才能分辨出来这是代码块呢？首先冒号告诉 Python，请注意了，接下来就是代码块了，其次，Python 通过缩进来定义代码块。

既然这两行代码缩进是一样的，都是 4 个空格，Python 就认为它们是在同一个代码块内。

一般来说，Python 执行代码是从上到下，执行它遇见的每一行代码。在某些情况下，Python 会重复执行你的代码片段，这是通过 while 来实现的。你可以从代码的某一个部分，跳跃到另外一个部分，但是，代码总是从上到下执行的。

当 Python 遇到你刚创建的代码块时，变量 a 已经被赋值为 2。代码块的第一行将 a 的值加 1，所以第一行打印输出的结果是 3。当打印语句打印输出完毕，该代码块结束。Python 返回到代码块的顶部，检查条件是否成立。因为 a 为 3（小于 10），代码块重复执行，变量 a 的值增加到 4 并且被打印输出出来。这个过程持续下去，一直到变量 a 的值变为 9。当变量 a 变为 10，这个时候变量 a 就不再小于 10 了。条件（a<10）不再成立，因此 Python 停止继续执行 while 的代码块。

这个结构被称为*循环*（本例是 while 循环）。Python 判断 while 条件为真时，循环执行代码块内的语句。

第一个 while 循环非常短，但是让计算机执行了一段时间。代码如下：

```
>>> while True:
...     pass
```

这是你输入给 Python 解释器的第一个多行代码语句的程序。看起来程序什么都没有做，原因是使用了 pass 关键字。

这个 pass 关键字告诉 Python 忽略该行。你是否感觉这有点奇怪，引入了一个语句，但什么事都不做？ pass 之所以在这里是因为当 Python 遇见类似 while 关键字的时候，早晚会遇到冒号（就是长这样：）。这个冒号告诉 Python 接下来会有一段代码。如果 Python 没有按照期望得到这段代码，就会报错。你可以自己看一下这是多么地令人沮丧：

```
>>> while True:
...
  File "<stdin>", line 2

      ^

IndentationError: expected an indented block
```

这个 pass 关键字出现主要是为了让你在设计程序的时候可以正常地让 Python 解释器工作。另外也可以在你编写程序的时候充当一个显著的标记。

Python 的关键字

官方定义了 31 个关键字：

'and'	'except'	'lambda'
'as'	'exec'	'not'
'assert'	'finally'	'or'
'break'	'for'	'pass'
'class'	'from'	'print'
'continue'	'global'	'raise'
'def'	'if'	'return'
'del'	'import'	'try'
'elif'	'in'	'while'
'else'	'is'	'with'
	'yield'	

其中一些高级的关键字在本书中不会被涉及，例如：

'assert'、'del'、'except'、'exec'、'finally'、'global'、'raise'、'try' 和 'yield'。

最需要注意的就是不要使用关键字作为一个变量的名字（作为变量名字的一部分是可以的，比如 return 不能作为一个变量的名字，但是 return_value 作为变量的名字是没有问题的）。

如果尝试给关键字 return 赋值，你就会遇到报错：

```
>>> return = 4
  File "<stdin>", line 1
    return = 4
           ^
SyntaxError: invalid syntax
```

如果你尝试将一个值赋给一个变量，得到一个 invalid syntax 的错误，你就知道这是什么原因了。

许多循环，许多 Hello

如果你了解了循环的用法，你就可以在整个屏幕上散播幸福的问候了。输入下列代码，并且在打印语句的最后加上一个逗号 [本例是在 print（my_message）之后]。别忘记用 Ctrl +C 组合键去终止整个程序。

```
>>> my_message = 'Hello World!'
>>> while True:
...     print(my_message),
...
```

这个逗号是做什么用的？每次调用打印语句，就会打印一条消息。下次打印的时候，输出就会另起一行打印出来。当你在 print 后面添加了逗号，下次打印的时候，输出就会从之前离开的地方开始打印，而不是另起一行。

当我还小的时候，我就喜欢做类似的事，当然我这是开玩笑的。图 2.2 展示了我最喜欢的一个程序。

```
>>> message = 'Brendan is Awesome!!'
>>> while True:
...     print(message)
...
```

你可以把自己的名字放进去，你也是很棒的。

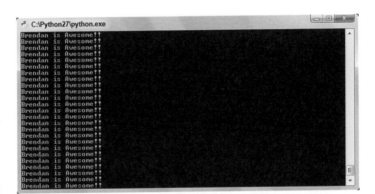

图 2.2
程序打印出:Brendan
is Awesome!!

用问候填满屏幕

用问候填满整个屏幕是非常漂亮整洁的。但是用 Ctrl+C 组合键去终止程序就非常无趣了。如果你让程序执行得过久，还可能会对你的计算机使用过度。最好是能打印固定数量的消息。你可以用 while 语句实现，你也可以使用 range() 命令，这个函数可以用来计数。

```
>>> range(3)
[0, 1, 2]
```

range 可以获取到从 0 开始，但不包含括号内那个数字的所有整数（在这个例子里，结果里不包含 3）。

---

range VS. xrange

如果你使用的是 Python 2.7，内置的 range 命令常会被用错，因为它比另外一个称为 xrange 的内置命令使用的内存更多。然而 Python 3 里面不包含 xrange 命令，所以最好现在养成使用 range 的习惯。使用 range 意味着你的程序在 Python 3 里也可以正常地工作（同时你的 range 也会使用更多内存）。我假设你不会需要非常大的 range（一般最大到 1000 就足够用了）。

你发现得到的数字比你输入给 range 的那个数小。或许你会奇怪，range 是从 0 而不是 1 开始的，你还可能会疑惑是否漏掉了你想得到的数字，Python 这是崩溃了吗？

这种计数的方式（从 0 开始）被称为*基于 0 的计数*或者*标号*。众多复杂的原因归结起来就使得计数比预想的略小了。

让 Python 计数

如果你把第一个数和第二个数用逗号分开，放入到括号里，就可以使用 range 去计算从某个数到另外一个数之间的数字：

```
>>> range(3,10)
[3, 4, 5, 6, 7, 8, 9]
```

这里 Python 从第一个数字开始计算，但是不包含第二个数字。Python 甚至可以按照步长计算。做到这点，你需要添加第三个数字，用来表示每步的大小。获得从 3 开始到 10 的奇数。从 3 开始，走到 10，每步的步长是 2：

```
>>> range(3,10,2)
[3, 5, 7, 9]
```

如果第三个数是负数，Python 就倒着计数，这样需要第一个数字比第二个数字大：

```
>>> range(13,10,-1)
[13, 12, 11]
```

你也可以在 range 计数的时候通过每个数字来*迭代*（按顺序获取每个数字）：

```
>>> for i in range(3):
...     print(i)
...
0
1
2
```

因为是新的代码块，print（i）之前有 4 个空格。

尽管没有条件，这个代码块和你之前看到的 while 循环的结构（构造的方式也一样）一样。但是这个 for 语句使用了一个变量（本例中变量名是 i）。这个变量使用了 range（3）创建的每个数字的值。

这个代码块重复执行，打印了 0、1、2（尽管本例中这个代码块只有一行——print（i））。你可以赋予这个变量任何的变量名，但它是一个用完即废弃的变量，在循环外面丝毫意义都没有，所以这里倾向使用简短的变量名。当然，不要使用已经被其他变量使用的名字，或者使用存储了重要内容的变量的名字。

尽量让你的变量名字有意义（那些简短的名字是个例外，可以不遵守这个规则）。

注意，循环每次迭代的时候，那些哑变量的值发生了变化。这也是哑变量被用完即扔的原因，它们只在循环的代码块内部被定义和使用（等你以后经验丰富了，你可以按照你的需求来制定规则）。

程序员使用 i、j、k 作为在 for 循环中计数的哑变量。这样的变量被称为计数器或者索引。

你可以使用哑变量改写无限 while 循环。运行足够多的次数，填充满屏幕就可以停止了：

```
>>> my_message = "Hello World!"
>>> for i in range(300):
...     print(my_message),
...
```

你会看到如图 2.3 所示的结果。

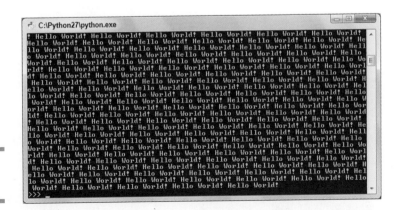

图 2.3

300 个 Hello World!

这个例子中的数字300被称为魔法数，因为它莫名其妙地出现在你的代码当中，没有什么明显的原因。魔法数通常来说不是一个好主意。当你在程序中使用数字的时候，最好将数字赋予一个变量。因为当你使用了有意义的变量名的时候，这个数字是什么含义就很明确了。然后在你需要使用这个数字的地方使用这个变量。

在这个例子里，你可以在前面加入语句 NUMBER_OF_HELLOS = 300，然后改变range那行代码为range（NUMBER_OF_HELLOS）。这对一个3行的程序来说没什么不同，但是，如果你的程序变得非常大，效果就很明显了。

你可能没想过你会改变那些数字。但事实上你经常需要这么做（比如，在你开发的过程中几次改变这个数字）。如果它们以数字的形式被内置在代码中（也就是说没有被赋值给一个变量，并且没有通过变量来引用这个数字），那么你不得不去找到每个数字再改变它们的值。另外，因为是一个数字，没有上下文，如果有个有意义的名字，这个情况就不存在了。也不能总是保证改变这个值是正确的。

例如，你可能有一段代码需要包含300个空格，但是你发现只需要100个，所以你使用查找和替换把每个300改变为100。如果你已经把那些数字内置在代码中，你就会把range里面的300也改变了，这样代码就被破坏了。

但是如果你把那些数字放在变量 NUMBER_OF_HELLOS = 300 和 AMOUNT_OF_SPACE= 300 中，你只需要改变变量的赋值（AMOUNT_OF_SPACE= 100）。这样，这个变量被引用的每个地方就会被自动更新。但是其他拥有同样数值的变量还保持不变（比如 AMOUNT_OF_ SPACE = 300）。

总结

在本章里，你了解了如下几点：

✔ 理解了什么是文字常量。

✔ 给名字赋值，创建了变量（ 理论上来说你创建了名字，variable 是从别的编程语言拿过来的说法）。

✔ 见到了 5 个关键字（for、in、pass、print、while），一个值 True，一个内置方法（range）。

✔ 使用 Ctrl+C 组合键终止运行的程序。

第2周

构建猜迷游戏

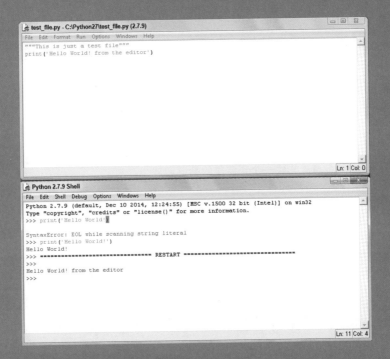

这一部分里⋯⋯

第 3 章
构建一个猜谜游戏

猜谜是什么？现在你要创建一个游戏，计算机选一个数字，选手来猜这个数字是什么。

这个项目教你如何从用户那里获取输入，以及 Python 里面数字是怎么使用的（数字的用法和字符串有一些不一样）。你创建一个随机数字，过程中会复用一些别人的代码，将其用在你自己的项目中。你也需要做一些调试工作和处理一些逻辑错误。

设计游戏

在猜数字游戏里，Python 出一个随机数，选手来猜这个数字是什么。

如果选手猜对了，Python 回答:对。

如果选手猜错了，Python 会告诉选手这个数字比你猜的这个数字大还是小。

选手继续猜，直到选手猜对为止。

如果你完成了第 2 章，那你应该知道了如何告诉选手一些信息，对，就是通过打印语句。但是，在这个游戏里面，现在你还不知道如何让 Python 选择一个随机数字，或者如何从选手那里获取一个猜测。

这个输出 - 输入 - 处理输入的工作循环，是很多计算机程序的常见组织结构。

从选手那里获取输入

实际中，你的程序总是要从用户那里获得某些输入信息。现在你还在使用命令行，所以文本是唯一可以获取输入的方式。通过内置的方法 raw_input() 从用户那里获取文本输入。raw_input() 等待用户输入信息，并把用户的输入返回给 Python。

通过单击在第一个项目里就固定在开始菜单的 Python 程序，打开一个 Python（命令行）。尝试以下几个步骤：

1. 在提示符之后输入 raw_input()。

2. 按回车键，得到一个空白行。

3. 随意输入一些内容。

4. 按回车键。

你在第一步输入的内容会回显给你：

```
>>> raw_input()
I am typing a response. Python won't see this until I press Enter.
"I am typing a response. Python won't see this until I press Enter."
```

当你输入完毕后，按回车键。你所输入的内容都会回显给终端，并且用单引号或者双引号包围起来。在第 2 章里面，Python 也是用同样的方法回显了你输入的文字。这是否给你如何获取输入提供了一点启发呢？

输出的内容 "I am typing a response. Python won't see this until I press Enter." 被双引号包括起来，这是因为在输入的内容里面包含了一个单引号（won't）。

要求输入

通过给 raw_input() 一段文字让它变得更友好一些。raw_input() 在用户输入响应内容之前，将打印这段文字到屏幕上。这段代码里，"What is your guess?" 就是 raw_input() 语句输出的文字。

以 >>> 或者 ... 开始的行表明你需要在这行继续输入内容。

```
>>> raw_input("What is your guess?")
What is your guess?17
'17'
```

Python 准确地按照你的指示去做，但是这个例子还不是很好，它没有在提示字符串和用户输入的内容的起始位置之间插入一个空格。为了让它更友好一些，在提示符字符串之后加一个空格：

```
>>> raw_input("What is your guess? ")
What is your guess? 17
'17'
```

常量名字被括号包含起来，因此可以用一个指向常量字符串的变量来代替这个常量名字：

```
>>> prompt = 'What is your guess? '
>>> raw_input(prompt)
What is your guess? 17
'17'
```

在字符串的后面添加一个字符串可以让用户的输入更方便阅读。

怎么才能获取用户的输入呢？这很好办，像获得其他常量一样，给它取个变量名。在下面的例子里，它被取名为 players_guess：

```
>>> prompt = 'What is your guess? '
>>> players_guess = raw_input(prompt)
What is your guess? 17
>>>
>>> players_guess
'17'
```

数字 17 并没有马上回显给终端，因为它被存到了一个名为 players_guess 的变量中。这就意味着你可以在后面的程序里面使用这个输入。

确保变量是相等的

你的游戏需要检查选手的猜测是否与计算机选中的数字相等。这是一种比较操作。如果你想测试变量 a 的值是否与 1 相等，你不能写做 if a = 1:，因为等号操作是把一个值赋给变量。Python 将会把这个操作解释为，if 获取数字 1，并把它赋值给变量 a。Python 正确地认为这是没有意义的操作。

Python 使用一个特定的符号来测试两个变量是否是相等的。这个符号就是使用两个

赋值符，类似这样:==。如果要测试变量 a 的值是否是 1，你应该这么输入:a == 1，自己尝试一下吧:

```
>>> a = 1
>>> a == 1
True
>>> a = 2
>>> a == 1
False
```

再强调一点，= 表示赋值操作，试试下列语句:

```
>>> 1 == 1
True
>>> 1 == 2
False
>>> 1 = 2
  File "<stdin>", line 1
SyntaxError: can't assign to literal
```

代码第一个行和第三行的意思是 Python 判断 1 是否和 1 相等（1 == 1）以及 1 是不是等于 2(1==2)。第五行代码的意思是让 Python 将数字 2 存放在数字 1 里面（1=2）。

你会获得一个语法错误，因为 1 不是一个变量的名字（1 也不能做变量的名字）。错误信息清晰说明了 Python 不能给常量赋值。

当 Python 看到 == 时，它会将 == 左边的数值与右边的数值作比较。如果相等，Python 就会用 True 代替整个语句，若不相等，则用 False 替换整个语句。

调用运算符

赋值等号和双等号被称为运算符。它们对运算符两边的数据进行操作。表 3.1 展示了更多的运算符。当你想进行比较、加、减等操作时，请使用相应的运算符，你以后会大量使用它们。

表 3.1   常见 Python 运算符

运算符	运算符名称	运算符效果	示例
+	加法	两个数字相加运算 连接两个字符串	相加运算:>>> 1 + 1 2 字符串连接运算:>>>'a'+'b' 'ab'
-	减法	从一个数中减去另一个数 该运算符不能用于字符串	>>> 1-1 0

续表

运算符	运算符名称	运算符效果	示例
*	乘法	两个数相乘 复制字符串	相乘 >>> 2 * 2 4 复制字符串:>>> 'a'*2 'aa'
/	除法	用一个数除以另外一个数 不能用于字符串 Python 使用 / 作为除法的原因是键盘上没有 ÷ 运算符	这个运算符有点复杂，我们下节再详细解说
%	求余 (取模运算)	运算符左边的数除以右边的数的余数	>>> 10 % 3 1
**	乘方	x ** y 表示求 x 的 y 次方	>>> 3 ** 2 9
=	赋值	将运算符右边的值赋值给运算符左边的变量	>>> a = 1

==	全等	判断运算符左边的是否与运算符右边的相等? 相等值就是 True 否则就是 False	>>> 1 == 1
			True
			>>> 'a' == 'a'
			True

!=	不等于	判断运算符左边的数值是否和运算符右侧的相等，如果不相等就是 True，否则就是 False	>>> 1 != 1
			False
			>>> 1 != 2
			True
			>>> 'a' != 'A'
			True

>	大于	运算符左边的数值是否大于运算符右边的数值 >= 表示大于或者等于	>>> 2 > 1 True
<	小于	运算符左边的数值是否小于运算符右边的数值 <= 表示小于或者等于	>>> 1 < 2 True

& (或者 and)	与	运算符两侧的数值是否都为真? 通常用于复杂条件下，如果条件都为真，选择做某些事情，例如 while im_hungry and you_have_food:	>>> True & True
			True
			>>> True and False
			False
			>>> True & (1 == 2)
			False

续表

运算符	运算符名称	运算符效果	示例

|(或者 or)	或	运算符左边的数值或者运算符右边的数值是否为真？通常用于复杂条件下，至少某一个条件为真的情况：例如 while im_bored or youre_bored:	```>>> True | False```
			```True```
			```>>> True or False```
			```True```
			```>>> False | False```
			```False```
			```>>> (1 == 1) | False```
			```True```

深入 Python

Python 2.7 的除法运算有点复杂，当你需要用除法的时候，Python 尽量给你提供帮助，然而它带来的麻烦可能比它带来的帮助还要多。原因是如果你输入的数字都是十进制的整数，Python 会改变运算结果。

Python 对待十进制小数，称为浮点数，与其他的不带小数的数字有些不同（不带小数的数字称为十进制整数，或者整数）。如果你在 Python 2.7 里面用一个整数除以另一个整数，结果为与得数相邻的那个最小整数。讽刺的是，从 2.7 版本以后都是这样的。

如果你想在 Python 里面做除法，请使用 / 运算符，就像下面这样：

```
>>> 3/2
1
>>> -3/2
-2
```

你不会得到 1.5 或者 -1.5 的，得到的结果是 1 和 -2。你得到 -2 的原因是与 1.5 相邻的两个整数是 -1 和 -2，结果为最小整数 -2。

你可以通过给任意一个数字加上小数点来避免结果被取相邻的最小整数。加上小数点，就让整数变成了浮点数。Python 对浮点数的操作，结果是符合你的预期的。

在这个练习里面，确保你给 3 或者 2 添加一个小数点（一个小点，小数点，随便你怎么叫它）。

```
>>> 3/2.
1.5
```

如果这个数字是一个整数，并且被存到了一个变量里，就没有办法加小数点了。如果是这种情况，就需要使用内置方法 float() 把它转换为浮点数。举例如下：

```
>>> a = 2
>>> 3/a
1
>>> 3/float(a)
1.5
>>>
```

将猜测与数字比较

记住这段代码（就不用再像这样重复敲一遍了）：

```
>>> prompt = 'What is your guess? '
>>> raw_input(prompt)
What is your guess? 17
'17'
```

当 Python 回显输入内容的时候，输入的内容是被单引号或者双引号包围起来的。这个标识告诉你 Python 把这个内容当成了字符串。Python 不认为 '17' 是一个数字。

一个快速测试 Python 是否认为某个变量是数字的方法就是添加一个数字给这个变量：

```
>>> a=1
>>> a+1
2
```

首先，你把 1 存到变量 a 中，然后让变量加 1。这是没有问题的，因为变量 a 存的就是数字。但是，如果你想给变量 players_guess 加 1：

```
>>> players_guess = raw_input(prompt)
What is your guess? 17
>>> players_guess+1
Traceback (most recent call last):
  File "<stdin>", line 1, in <module>
TypeError: cannot concatenate 'str' and 'int' objects
```

问题来了，players_guess 出错了。Python 说 "cannot concatenate 'str' and 'int' objects"。

事实上 Python 并没有做加法运算。只是通过打印操作来确认一下 players_guess 存的是什么：

```
>>> players_guess
'17'
```

如你所期盼的一样，players_guess 存的是 '17'（注意，是被单引号包围起来的）。单引号使 Python 没有将它解析为数字类型。

raw_input() 返回的结果是字符串，不论用户输入的数据是什么类型，即使是一个数字，从 raw_input() 得到的结果也一定是字符串。想比较猜测的数据，你需要把选手输入的猜测内容转换为数字类型。

假设计算机想到的那个数字是 17，需要比较变量 players_guess 和这个数字的大小，要按照如下步骤来做：

1. 把这个数字存到一个变量里面：

```
>>> computers_number = 17
```

2. 将选手的猜测结果与计算机想出来的数字用相等运算符做比较：

```
>>> computers_number == players_guess
False
```

这行代码 computers_number == players_guess，在判断 17 是否和 '17' 相等，此刻这个比较结果是 False。原因是选手的猜测结果仍然被当作一个字符串存在变量里，而字符串是永远不可能与一个数字相等的。所以比较结果永远是 False。

3. 把选手的猜测结果用内置函数 int() 转换为数字：

```
>>> computers_number == int(players_guess)
True
```

内置的 int() 函数接收一个字符串，并将其全部内容当作一个数字，转化为 Python 可以认识的整数。如果这个内置 int() 函数接收的字符串是一个浮点数或者不是一个可转化为数字类型的字符串，就会失败。字符串前后带有空格不影响int()的执行结果。下面有几个例子：

```
>>> int('1.0')
Traceback (most recent call last):
  File "<stdin>", line 1, in <module>
ValueError: invalid literal for int() with base 10: '1.0'
```

因为 '1.0' 不是一个整数，所以程序报错了，int() 不知道该如何处理浮点数。在下面的这个例子里，Python 被字符串里面的 fine day 搞糊涂了：

```
>>> int('1 fine day')
Traceback (most recent call last):
  File "<stdin>", line 1, in <module>
ValueError: invalid literal for int() with base 10: '1 fine day'
```

最后一个例子，int() 可以正确地处理有效数字周围的空格：

```
>>> int('   17   ')
17
```

对比选手的猜测和计算机想出的数字

通过将选手的猜测与答案做对比之后，就可以将对比结果展示给选手。

编程的时候要记住几点：

- ✔ 冒号表示一个新的代码段的开始。
- ✔ 冒号之后的下一行，或者新的代码段的每一行，需要用 4 个空格作为缩进。

尝试下面的代码：

```
>>> if computers_number == int(players_guess):
...     print("Correct!")
...
Correct!
```

这个 if 语句很光明正大地出现了，这里的 if 是 Python 的一个关键字。if 后面紧跟着一个条件:computers_number 是否和 players_guess 转换为整数类型的值相等。紧接着跟着一个冒号，也被戏称为"你好 Python，代码块将要出场了"。

如果条件为真,Python 就会执行代码块的代码。如果条件为假,Python 就会跳过执行该代码段，执行其后面的语句。你可以把 if 语句类比英语语法里面的 if … then … 句型。

试试下面的例子，但是要注意两点：

- ✔ 每个冒号意味着后面跟着一个新的代码段。
- ✔ 冒号之后的下一行，或者新的代码段的每一行，需要用 4 个空格作为缩进。

```
>>> if 1 == 2:
...     print("Conrect!")
...
>>>if 1 == 1:
...     print("Conrect!")
...
Correct!
```

第一个例子里面，因为 1 和 2 不相等，因此打印语句 print() 被忽略,Python 什么都没有输出。如果代码段还有别的语句，也是会被忽略的。第二个例子里面，1 和 1 是相等的，所以执行了打印语句。你会得到一个 Correct! 回复。

代码段

语句、条件、冒号、代码段是 Python 里面非常常见的编程结构，代码段是程序里面用来实现控制流程的主要方法之一。

flow 是 Python 解释器用来解析程序的流程，确保你弄懂了流程这个概念（跟着感觉走吧）。

告知选手猜测是否是错误的

如果选手猜错了会发生什么呢？Python 对此早有对策。

编程的时候，脑子里时刻要想着给选手的举动予以回应，即使是一个小程序也不例外。

在下面的代码块里面你会见到关键字 if。else 关键字改变了 if 关键字的操作。与 if 不同的是，else 并没有带有条件语句，如果前置的 if 语句没有执行就会执行 else 语句的内容。你可以用 if/else 来选择两个代码块之一来执行，但两个代码块不能同时执行。

下面的代码紧接着你上次离开的地方开始。假设 computers_number = 17，players_guess = '17'：

```
>>>   if computers_number == int(players_guess)+1:
...       print('Conrrect!')
...   else:
...       print('Wrong ! Guess again')
...
Wrong! Guess again
```

例子里面我故意将答案弄得不相等，否则 else: 语句后面的代码段就不会执行。

你也看到了，else 后面也跟了一个冒号和一个代码块，这里你应该就不会感到很奇怪了，因为它相对于 else 缩进了 4 个空格，你就明白这是一个代码块（说到缩进，就是将 else 语句与它前面的 if 语句对齐）。

如果 if 的条件是 True，那么它后面的代码块就会被执行，而 else 语句后面的代码块就会被 Python 忽略了。关键字 else 的意思就是：如果之前的选择不正确就这么做吧。如果 if 的条件为 False，那么它后面的代码就会被忽略，而去执行 else 后面的代码块。

然而这个解决方法并没有说明选手的猜测是否正确。你应该告知选手猜测结果是偏大还是偏小。

　　你现在需要验证一下（我知道，测试可能是你最不需要的步骤）。测试告诉选手猜测是偏大、相等还是偏小：

```
>>> if computers_number == int(players_guess):
...     print('Correct!')
... elif computers_number > int(players_guess):
...     print('Too low')
... else:
...     print('Too high')
...
Correct!
```

　　现在是说出 if 语句最后一个使用技巧的时候了——elif。在 if 语句判断条件失败之后，使用 elif（else if 的简称）去测试其他的条件。你可以随你需求使用任意多的 elif。

　　举个例子，假设你想根据 a 的值 1、2、3 做相应的事情，你可以使用 elif 去比较 a 的每一个值：

```
>>> a = 3
>>> if a == 1:
...     print('a is 1!')
... elif a == 2:
...     print('a is 2!')
... elif a == 3:
...     print('a is 3!')
... else:
...     print("I don't know what a is")
...
a is 3!
```

　　如果你有更多的 elif，可以试着用另外的方法来解决这个问题。

　　测试表明这个 elif 结构是有效的，可以告诉选手猜测的值是偏大还是偏小：

```
>>> computers_number = 16
>>> if computers_number == int(players_guess):
...     print('Correct!')
>>> elif computers_number > int(players_guess):
...     print('Too low')
... else
...     print('Too high')
Too high
>>> computers_number = 18
>>> if computers_number == int(players_guess):
...     print('Correct!')
>>> elif computers_number > int(players_guess):
...     print('Too low')
... else:
```

```
...        print('Too high')
...
Too low
```

你实际上是将代码又打了一遍，这有点枯燥，但不要害怕，从第 4 章开始就变得好多了。这段代码其他需要注意的地方有下面的几点：

- 所有打印语句前面的空格数量都一样多（缩进 4 个空格或者缩进一层）。
- 所有的 if、elif、else 语句之前的空格数量也是一样多的（都没有缩进）。
- 计算机设定的数字相比猜测的数字 17，先是小于，然后是大于，以便验证对比逻辑。
- 当计算机设置的数字比较小时（16），计算机打印选手的猜测偏大了。
- 当计算机设置的数字比较大时（18），计算机打印选手的猜测偏小了。

一直尝试，直到选手猜对

现在你已经学会了如何获取选手的猜测，如何将答案转换为一个数字，并且掌握了如何对比选手的答案和计算机输出的结果。

如果选手没猜对答案还想让计算机继续运行的话，你还需要做一点工作。可以通过下面的方法实现：

- 把获取选手猜测的代码和验证这个数字的代码放到 while 循环。
- 当获取到了正确的答案后，使用 break 语句跳出循环。

```
>>> computers_number = 17
>>> prompt = 'What is your guess? '
>>> while True:
...        players_guess = raw_input(prompt)
...        if computers_number == int(players_guess):
...            print('Correct!')
...            break
...        elif computers_number > int(players_guess):
...            print('Too low')
...        else:
...            print('Too high')
...
What is your guess? 3
Too low
What is your guess? 93
Too high
```

```
What is your guess? 50
Too high
What is your guess? 30
Too high
What is your guess? 20
Too high
What is your guess? 10
Too low
What is your guess? 19
Too high
What is your guess? 16
Too low
What is your guess? 18
Too high
What is your guess? 17
Correct!
```

其中 break 语句被加黑了，所以看起来很明显。break 语句允许你跳出 Python 里面的任意一个循环，不管循环的条件是什么。例如，你有很多颜色，想看看是否包含有红色，你需要使用循环去遍历所有的颜色。只要在遍历的过程中发现了红色（甚至第一个就遍历到了红色），就没有继续遍历的必要了，此时你可以使用 break 退出循环。

break 也是一个关键字（你会发现需要了解越来越多的 Python 关键字）。但它只用在循环结构里面。

```
>>> break
  File "<stdin>", line 1
SyntaxError: 'break' outside loop
```

如果你的循环在另外一个循环里，break 可以跳出它所在的那个循环结构（或者说最靠近的流程控制结构，因为 break 几乎都要受制于一个条件）。

这里展示了几个怎么使用 break 的例子。下面是代码片段：

- 代码使用了内置函数 str()。str() 函数会将一个数字转化为字符串。可以使用 + 运算符将字符串连接起来（运算符在前面的表 3.1）。

- 有两个循环，其中内循环 j 计数更快，外循环 i 计数相对要慢一些。

- 当 i 的值等于 1（从零开始）时，会遇到 break 语句。因为 break 在内循环当中，所以只会跳出内循环。你会发现 i 会继续执行，计数到 2，但是 j 在 i 为 1 的时候重置为 0，重新开始计算。

```
>>> for i in range(3):
...     for j in range(3):
...         print(str(i)+", "+str(j))
```

```
...          if i == 1:
...              break

0, 0
0, 1
0, 2
1, 0
2, 0
2, 1
2, 2
```

要想跳出外循环，需要在外循环当中执行 break 语句。在这个例子里，将代码 if i == 1: 缩进 4 个空格，而不是 8 个空格，这样就可以让外循环在 i 等于 1 的时候停止执行。外循环的 i 是永远不会计数到 2 的。

```
>>> for i in range(3):
...      for j in range(3):
...          print(str(i)+", "+str(j))
...      if i == 1:
...          break

0, 0
0, 1
0, 2
1, 0
1, 1
1, 2
```

花点时间思考一下这些循环是怎么工作的，自己写点代码体会一下这些循环的工作原理。

让 Python 产生随机数

选手会有自己的猜测数字，那么如何让 Python 产生一个随机数字呢？

random 模块的 randint 功能可以生成随机整数。你提供给 randint 两个整数参数，它就会给你产生一个在这两个数之间的随机整数，这个整数可能会包含最小或者最大的数字。如果你想产生一个在 6 和 10（包含 6 和 10）之间的随机整数，可以用 random. randint（6, 10）。

```
>>> import random
>>> random.randint(1,100)
67
>>> help(random.randint)
```

因为这是一个新功能，在 Python 提示符之后输入 help（random.randint），阅读终端所输出的内容。如果你看完帮助文档获取不到 >>> 提示符，按字母 q 键试试。

```
>>> random.randint(1,100)
15
>>> random.randint(1,100)
72
>>> random.randint(1,100)
25
>>> random.randint(1,100)
36
>>> random.randint(1,100)
90
>>> random.randint(1,100)
81
>>> random.randint(1,100)
23
```

是不是非常简单？弄清楚随机数字是如何变化的了吗？

但是，你不能像使用内置函数 raw_input() 或者 str() 一样来使用 randint() 函数。要想使用 random.randint()，你需要告诉 Python，你想使用 random 模块的一个函数，那就要引入这个模块—— import random。

为什么你需要引入一个模块？模块是 Python 将特性组织在一起的一种方法。比如，所有与随机数相关的东西都在 random 模块中。所有与数学相关的内容都放到 math 模块。与日期和时间相关的都在 datetime 模块。与保存数据有关的内容放在了 pickle 模块（等等，这是什么？）。

你之前已经见过一些 Python 的特性，int()、range() 和 raw_input()。但是你不需要导入它们就可以使用它们，因为这些都是 Python 内置的特性（这也是它们被称为*内置*的原因），只要 Python 运行起来，它们就是可用的。

random 不是内置模块，所以不总是可用的，如果你打开一个新的 Python 命令行就尝试 random.randint（1,100），就会得到一个错误：

```
Python 2.7.3 (default, Apr 14 2012, 08:58:41) [GCC] on
            linux2
Type "help", "copyright", "credits" or "license" for more
            information.
>>> random.randint(1,100)
Traceback (most recent call last):
  File "<stdin>", line 1, in <module>
NameError: name 'random' is not defined
```

与内置模块不同，random 模块不是内置在 Python 里面的，所以不会自动加载。

random 模块是标准库的一部分。如果你需要使用它，就要先将它 import 进来。

为什么 Python 不能自动加载所有的东西呢？因为这将使得编程非常烦琐，每次你要运行程序的时候，你需要等到它找到所有的标准库模块，并且将它们都加载进来。

import 除了可以加载标准库的模块，还可以引入别人写的模块（第三方模块）。要想使用第三方模块，你需要先下载它们，并将它们安装到你的计算机上。

Python 的魔力

在使用 import antigravity 之前，把你房间内所有可移动的物体都固定牢固，将你自己、家人还有你的宠物都来缚到坚固的物体上。

使用命名空间

点语法是这个语句的重要部分。>>> random.randint（1,100）使用一个 . 将 random 模块和 randint 功能连在了一起。

你之前见过的内置模块都是通过它们的名字直接引用的。这种引用的方法（被称为*命名空间*）已经被证明是非常伟大的想法。

属性操作符

我把 random.randint 里面的 . 称为属性操作符（在第 6 章里面会介绍原因）。我见过别人这么叫它的名字，也听过这种引用的过程被描述为命名空间限定。我曾经尝试找一个官方的命名方法，但是还没有成功，你会怎么称它呢？

如果你总是不带模块限定，而直接通过名字引用其中的功能可能会遇到麻烦。如果你的两个模块都有一个同名的功能，会发生什么？就如同一个人没有姓。如果你不用模块的名字和功能的名字，Python 也会遇到类似的问题。

随着你对 Python 的了解逐渐深入，就会习惯使用 A.B 这样的语句来引用 A 模块中的 B 函数。

完成猜谜游戏

现在是完成猜谜游戏的时候了。现在来看这个猜谜游戏就是非常直接的了。在程序的
开始你要：

- ✔ 引入 random 模块。
- ✔ 让计算机通过 random.randint() 来生成一个随机数字。
- ✔ 将这个数字存起来。

把这些变动加入代码里，你会得到下面的内容，前 3 行是新加入的：

```
>>> import random
>>>
>>> computers_number = random.randint(1,100)
>>> prompt = 'What is your guess? '
>>> while True:
...     players_guess = raw_input(prompt)
...     if computers_number == int(players_guess):
...         print('Correct!')
...         break
...     elif computers_number > int(players_guess):
...         print('Too low')
...     else:
...         print('Too high')
...
What is your guess? 24
Too low
What is your guess? 86
Too low
What is your guess? 94
Too low
What is your guess? 98
Too high
What is your guess? 96
Too high
What is your guess? 95
Correct!
```

Python 之禅

```
>>> import this
```

总结

本章包含了如下内容：

↳ 通过提示，从用户那里获取输入数据。

↳ Python 认为数字和字符串的类型是不同的，将字符串转换为整数（int()），整数转换为字符串（str()）。

↳ 测试两个对象是否相等。

↳ Python 的运算符，包括整数、浮点数除法，如何通过 + 把字符串拼接起来。

↳ 5 个 Python 关键字：break、elif、if、else 和 import（还有 21 个暂未出现）。

↳ Python 的代码块需要有适当的缩进层次，每个缩进层次是 4 个空格。

↳ 一组内置函数 int() 和 str()。

↳ 如何从标准库获取模块。

↳ random 模块和 random.randint 函数。

↳ 一种新的值（还有一种后面会涉及）。

第 4 章
设置编程环境

第 3 章有点太暴力了是不是？这章就很简单了，做起来一点都不痛苦。这里你将了解 IDLE 的 Python 开发环境，它会把你编写的代码保存到一个文件中（再也不用重复输入或者复制粘贴了）。

IDLE 使用不同的颜色来显示你写的代码。另外还有工具可以用来注释某些区域和控制区域缩进。什么是注释？注释就是让代码容易理解的解释性文本。

使用默认的开发环境

集成开发环境是一种用于编写代码的文字处理软件。

千万不要用文字处理软件编写代码。不要从文字处理软件复制粘贴代码。在 Python 里面可以正常使用的字符会被可恶地替换成 Python 不能处理的字符。比如，像 message='Don't use Word!' 应该创建一个字符串。如果你从 Word 里面把它复制粘贴到 Python 里面，你就会在第一个单引号那收到一个语法错误。这是因为' 和 ' 不是相同的字符。"" 和 Python 所使用的 "" 是不同的。

如果你在平板电脑上使用 Python，那么 IDLE 环境就不可用了，你需要在应用商城找一个适合你的平板电脑的应用程序来提供一个编程环境。

Monty Python 最好的朋友

显而易见，IDLE 是集成开发环境的缩写。你是否还记得，Monty Python（巨蟒剧团）其中一个演员叫作 Eric Idle? 还有一个 Python 的开发环境被命名为 Eric。

Python 自带的一个代码编辑器叫 IDLE，这个编辑器主要由两部分组成。

🖛 命令行窗口提供了 Python 提示符，如图 4.1 所示。

🖛 编辑窗口可以用来保存和执行文件。

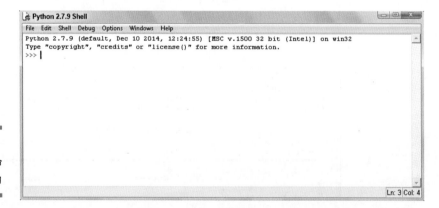

图 4.1

我的 IDLE 缩小化后的命令窗口看起来是这样的

启动 IDLE

在第 1 章里，把 IDLE（Python GUI）固定到了开始菜单的顶部，现在应该还在那里。

1. 单击开始菜单来启动 IDLE。

当你启动 IDLE 之后，你就会看到带有 Python 解释器提示符的命令行窗口（如图 4.1 所示）。你的也许看起来会长一些，我为了省点纸对图片做了缩放。

在 Mac 上打开 IDLE 命令行：打开一个终端，在提示符之后输入 IDLE。这就会将 IDLE 的命令行窗口打开。

在后面的项目中，当你看到 >>> 提示符后，请启动 IDLE，使用 IDLE 的命令行窗口。或者当我让你开启一个 Python，我指的是启动 IDLE，使用 IDLE 的命令行窗口。

2. 输入第 2 章里面的 Hello World! 程序。你会得到如图 4.2 所示的惊喜。

关键词是橘黄色的

    字符串是绿色的

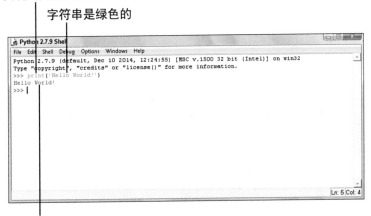

图 4.2
语法高亮用不同的颜色来打印你的代码

打印输出结果是蓝色的

IDLE 使用不同的颜色显示了程序的所有部分，包括了 Python 的输出。IDLE 给 Python 关键字（比如 print）、字符串（Hello world!）、数字以不同的颜色来区分。这些颜色在编程的时候会非常有帮助。

图 4.3 里面，闭合的括号仍然是绿色的，而不是黑色。这说明 Python 将其当作了字符串的一部分。这样你就知道你要需要添加一个闭合引号。此外，当你按回车键时，IDLE 就会强调这个错误。

除了能从 Python 解释器获取错误提醒，IDLE 还会在疑似遇到问题的地方给你可视化的反馈，当然了，IDLE 也不总是对的。

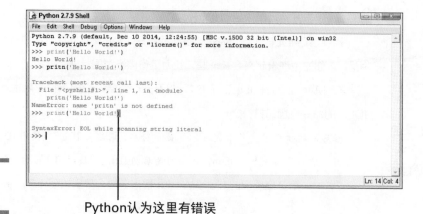

图 4.3

IDLE 高亮出错误

Python认为这里有错误

一些 IDLE 的小技巧

IDLE 的命令行窗口有一些小技巧，它们使得编程更容易，其中 tab 补全和历史命令记录是非常有用的两个技巧。

tab 补全

tab 补全使用 Tab 键帮你完成输入。按照下面的步骤尝试一下：

1. 在命令行窗口新起一行。

2. 输入字符 p，按 Tab 键，这时候 tab 就开始工作了！ 出现一个下拉窗口，给你不同的选项，如图 4.4 所示。

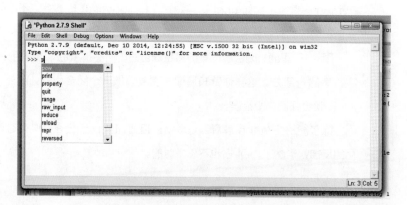

图 4.4

使用 Tab 键打开下拉窗口

3. 按箭头选择下拉窗口中的 print，你前面输入的字符 p 就变成了单词 print。

4. 输入 'Hello World!'，然后按回车键。

继续输入会关闭下拉窗口，不要按回车键。如果此时你按回车键，就会弄丢补全。如果输入对你来说是不可思议的，按两次 Tab 键选择强调选项，对你来说可能更加有点不可思议。

tab 补全对你之前创建的变量名也是适用的。试试下面的例子：

1. 在命令行新起一行。

2. 输入 this_is_a_long_variable_name = 0。

3. 按回车键。

4. 输入 thi 然后按 Tab 键。

是的，只输入了 t、h 和 i 这 3 个字符。

整个变量名字就会被打印出来，因为只有一个变量名匹配这个 thi 的补全，所以你不需要从一个列表中选取。

命令历史记录

IDLE 允许你通过命令历史记录返回修改你的错误。想使用命令历史记录，需要按如下步骤操作。

1. 使用向上键回到你想再次执行的命令。

2. 按回车键。

在当前命令提示符下的代码就被复制下来了，如果是一个代码段（比如一个和 if 语句相关的代码段），整个代码段也会被复制下来。

3. 使用箭头、后退键和删除键编辑这行代码。

4. 按回车键执行代码。

你自己尝试一下：

1. 在命令提示符之后输入 print ('Hello world!)。

没错，就是只有一个引号。这行代码是故意输错的。

2. 按回车键。

Python 会提示一个语法错误，如图 4.5 所示。

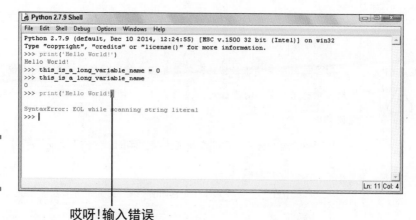

图 4.5

Python 对错误的提示

哎呀!输入错误

3. 按向上键,直到光标回到之前的那行。

你不得不按 3 次向上键。

4. 按回车键。

代码就被复制到了解释器提示符之后,图 4.6 展示了被复制的代码。

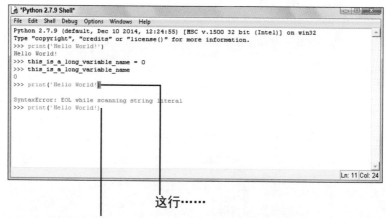

图 4.6

命令行历史记录复制
出需要的行数,这样
你就可以修正错误了

这行……

……被复制到这里。编辑这行代码,然后按回车键

5. 使用箭头回到行尾。

6. 输入闭引号并按回车键。

使用命令行历史记录通常要比重新输入容易些。例如缺少引号、拼写错误和错误的语
法都是非常好的使用例子。

使用 IDLE 的编辑窗口

你编程时的主要时间都耗费在了 IDLE 的编辑窗口上。编辑窗口主要做的事情就是保存你的输入（与命令行窗口不同）。你可以将程序保存起来，执行程序，而不用每次都重新输入它们。

使用命令行窗口验证一个命令或者一小段代码。当你构建更大的程序时，使用编辑窗口去创建保存和编辑你的代码。

你可以通过命令行窗口的菜单栏打开编辑窗口：

- 在窗口里，选择文件→新文件。或者在命令行窗口输入 Ctrl + N 组合键。
- 在 Mac 系统下，选择文件→新窗口。或者在命令行窗口下输入 Cmd+N 组合键。

你就会获得一个干净的、全新的编辑窗口。

这个窗口里面没有解释器提示符或者告诉你所用 Python 版本的信息。这是因为这个窗口并不直接执行你的代码。这个窗口是用来创建和保存你的代码到一个文件里。这个文件可以被用来执行或者编辑。

把你的代码保存到文件中可以让它长久地保存下来，节省你的时间，尤其是当你的程序变得越来越大时。但是当你使用编辑窗口的时候，输入代码不会即刻得到反馈。

试试这个：

1. 看看窗口的标题栏。

现在它被命名为 Untitled。

2. 输入 """This is just a test file"""，按回车键。

这被称为注释，我一会儿会详细解释。

3. 再检查一下窗口的标题栏。

现在变为了 *Untitled*。星星（实际上是星号，但是谁给我用星号标记的？）表明文件中有未保存的改动。

4. 输入 print('Hello world! from the editor')，然后按回车键。

与命令行不同，什么变化也没发生。你的编辑窗口应该如图 4.7 所示。

5. 按 F5 键或者选择菜单栏的 run → run module。

F5 是你键盘顶部的功能键，当你执行这一步的时候，IDLE 会提示说 Source Must Be Saved. OK to Save?

模块文档字符块

星号标识了文件中有未保存的改动

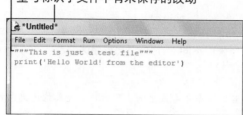

图 4.7

此项目在 IDLE 编辑窗口里

6. 选择对话框中的 OK。

窗口会打开一个保存对话框。

7. 在文本框内输入 test_file.py 标记为文件的名字。

记住要给文件名加入 .py 后缀。IDLE 并不会自动为你添加。

现在不要担心目录问题，就存到 IDLE 默认想存的地方即可。

8. 单击保存按钮。

如果你得到如图 4.8 所示的对话框，说明你复制粘贴了一些引号（很可能来自 Word 程序）。如果是这样，你的代码是无法正常工作的。回到你的代码，用半角单引号或者双引号替换所有的全角单引号或双引号（这种情况下 IDLE 不确定是否能发现语法错误）。

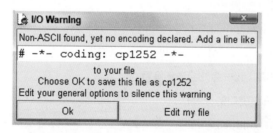

图 4.8

编码对话框，如果你碰到了这个，说明刚才有操作是错误的

当你单击保存按钮，IDLE 会把你的代码保存到你命名的那个文件中（本例中文件名是 test_file.py）。然后运行这个文件，在命令行窗口输出。现在这个命令行如图 4.9 所示。

你可以按 F5 键任意次重复执行这个程序。每次命令行窗口都会重新启动。当命令行重启以后，就会丢失之前在这个命令行输入的任意变量的值。同样变量名的 tab 补全也就失效了。

编辑器窗口

图 4.9

当你在编辑窗口（上部）运行程序，命令行窗口会重启（底部）

命令行窗口

在文件中写注释

在前一小节你创建的文件应该类似这样：

```
"""This is just a test file"""
print('Hello World! from the editor')
```

这里第一行的内容被称为*注释*。它看起来像你在第 2 章遇到的字符串，不过它确实就是字符串。当 Python 在文件里看到这样的字符串的时候会忽略它，这是一件好事，因为这样你就可以和未来的自己通过程序中的注释进行交流了。

在这个例子里，你正在告诉自己，这只是一个测试文件，如果弄乱了也不要紧。

给代码写注释的好处有很多：

✔ **作为解释**　每当你创建一个新的 Python 文件时，为这段代码写一个简单的注释，说明代码的用途。不需要重复说明代码是干什么的，简略地总结一下，想实现什么样的功能。所以，对于代码 a = a + 1 来说，# adding 1 to a 这样的注释就没有意义。在这里如果没有特别的理由，没有必要给这行代码添加注释。比如 a = a + 1 # Changing a causes the data to be refreshed in the next code block。

- ✔ **帮助记忆**　当你开始写代码时，你对这段代码非常熟悉，你理解代码为什么这么写。随着时间流逝，你已经逐渐忘记为什么这段代码会在这里。如果有一段注释，就很容易弄清楚之前这么写的原因了。
- ✔ **帮助调试**　如果你的代码出现了问题，某人需要检查你的代码，修复它。这个人可能不是你自己，因此如果有一段文字注释，这将对解决问题非常有帮助。
- ✔ **对自己有益**　就像蔬菜对人的健康一样，只有好处。

插入哈希注释

从技术上来说，任何字符串都可以是注释，但最好是使用三引号的字符串 """ like this comment"""（注释就好像篮球运动员的标记：三双）。你也可以通过哈希标记添加一行注释：#。

当 Python 遇到一个哈希标记，会忽略哈希后面所有内容。哈希注释一般用在行尾位置，或者是代码中间的短注释。这比字符串注释写起来要快多了，毕竟只需要输入一个字符。但是如果你想用哈希注释写一个若干行的注释，在每行的开头位置都需要输入一个新的哈希标记。

这里有一段代码使用了两种类型的注释：

```
"""This is just a test file"""

print('Hello World! from the editor') # Use # for comments too!
""" You usually use hashes at the end of a line
rather than for a block comment like this one.
"""
################################################################
# Nevertheless you can still use hashes for block comments
# Especially if you want to have a specific visual effect
################################################################
print('See that the comments were ignored?') # even this one
```

号标签

我所说的哈希标记通常被称为 # 号（更麻烦的是，在英国，井号通常用于货币，看起来像 £）。程序员通常把它称为哈希。你可能对 twitter 的主题标签非常熟悉（之所以这么叫是因为它是以哈希开始的标签）。这个符号更酷的一种说法是散列字符。井号标签大概就是这样:##。

文件夹

在前面的小节中，你把文件保存到了 Python 想保存的目录，这个目录应该是 C:\python27。任意存放文件不是非常好的实践方法。以后我会让你把文件保存到另外的一个目录，这个目录用来保存你的 Python 作品。

IDLE 自动在目录 C:\python27 查找文件（除非你使用的是 Mac 操作系统）。如果你想执行程序，而其中一些文件在不同的目录，这个时候就会碰到问题。

被三引号包含的注释只要你有需要，可以跨越任意多行。要确保这个注释也以三引号结束。这个哈希块，从技术实现上来说，可以认为是连续 4 行不同的注释。

保存命令行内容

在第 3 章快结束的时候，因为要不断地重复输入差不多相同的代码去玩猜字游戏，你可能已经感到厌烦了。不要害怕，现在可以把程序保存到文件里，运行这个文件就可以执行程序了。

你可以在 IDLE 里的命令行窗口通过选择 File → Save 选项保存解释器窗口的内容。被保存的内容包括启动时的版本提示信息和在命令行内的交互会话信息。这意味着你不能直接把这个文件作为 Python 程序执行。如果在你想保有的命令行中有输出内容，那么你只是保存了命令行的会话信息。

注释代码

运行程序的时候，经常因为某些原因，你想略过某段代码。举个例子，某一部分代码可能有点问题，但是这个程序在执行到这之前会运行另外一段代码。那段代码也许花费较多的时间，或者它的存在使得弄清楚问题变的困难，亦或是你想尝试一下不同的方法。因此当你测试变量时会注释掉最初的代码。

如果你想暂时终止代码执行，不要从文件内将它删掉，更好的一个方法就是给它添加注释。注释掉代码的方法是通过在每行代码的前面添加一个 # 号。

IDLE 可以一次注释若干行代码，下面展示一下：

1. 写一些代码，这里有我之前准备好的一段：

```
"""This is a file to use when demonstrating
how to comment out a code block. """

# this section is holding us up for some reason

print('Imagine that instead of these print statements,')
print('there is instead some code which, if it runs')
print('will complicate the process of debugging some later piece')
print('of code. ')

# This is the later section which needs to be debugged

print('Hello World! ')
# imagine there's more program below as well
```

2. 选中你要注释掉的代码。

用鼠标单击拖曳你要注释的代码，或者使用方向键的同时按住 Shift 键。可以看到如图 4.10 所示被高亮强调的代码。

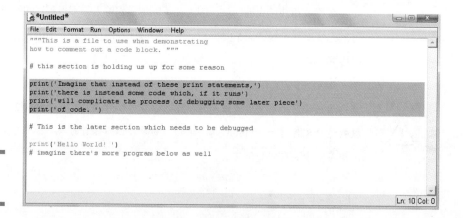

图 4.10

选择你要注释的代码

3. 选择 Format → Comment Out Region。

按 Alt +3 组合键和 Alt-O 组合键也可以，操作之后，选中的代码就会在每行之前加上了 # 号。图 4.11 展示了效果。

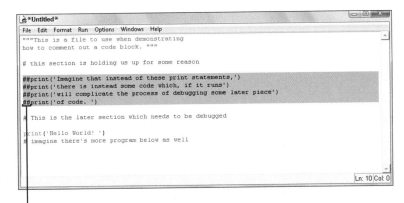

图 4.11

在注释代码之后，添加了多个#号

被添加的#号

现在再运行代码，被注释掉的部分就会被忽略了。也许你找到了问题并且调试完了这段代码。你可以通过下列步骤复原（将注释恢复为代码）被注释的代码：

1. 选择要复原的代码。

2. 选择 Format → Uncomment Region。

按 Alt+4 组合键和 Alt-O,N 组合键也可以。你的代码就可以恢复正常了。

缩进和取消缩进

未来你可能会改动一行或者若干行代码前的空格数目。写程序时这种情况非常普遍。向内移动是*缩进*，向外移动是*取消缩进*。

比如，你想把一个打印语句从程序的主流程移动到一个循环的内部，此时你需要缩进语句。如果把语句从循环内部移除来，你需要取消缩进。IDLE 提供了工具用来缩进和取消缩进代码。

试试缩进工具：

1. 写一些代码，这里有一段代码：

```
"""This is just a test file"""
DEBUG = True
print('Hello World! from the editor') # Use # for comments too!
""" You usually use hashes at the end of a line
rather than for a block comment like this one.
"""
###############################################################
# Nevertheless you can still use hashes for block comments
```

```
# Especially if you want to have a specific visual effect
################################################################

if DEBUG:
    print('I think I need another print statement.')

    print('See that the comments were ignored?') # even this one
```

2. 选择要缩进的代码。

用鼠标单击和拖曳想选择的代码（最后一个打印语句）。或者按住 Shift 键的同时用方向键选择代码。

3. 选择 Fortmat → Indent Region。

按 Ctrl+] 组合键也可以达到同样的效果。

4. 确保代码被缩进到一个有效的代码块。

缩进在 Python 里非常重要，如果缩进得不对，就会报语法错误。

最好使用 4 个空格作为每层的缩进距离。如果你使用其他数量的空格也是可以的（2、6、8）。最重要的是同一个代码块里所有代码的缩进距离要一致。

取消缩进，选择要取消缩进的代码，选择 File → Dedent Region（或者按 Ctrl + [组合键）。

总结

在本章里，你完成了

- 启动和停止 IDLE。
- 考察了 IDLE 的命令行窗口和编辑窗口。
- 在代码里添加了注释。
- 注释和取消注释代码。
- 缩进和取消缩进代码块。

第 5 章
构建一个更完美的猜谜游戏

在本章中，你将要了解编程最主要的部分之一——函数。我们将利用函数把第 3 章的猜谜游戏改写一番，使用函数可以让你的程序更加容易理解。

随着本章的深入，你将会掌握如何与函数交流的方法，以及变量在多个范围共存的特性。你还会创建一个函数来确认用户是否想退出程序。你可以在以后的项目里面重复使用这个函数。代码的简化、回收利用、重复使用在本章都会涉及。

操作你的函数

函数是用来组合一系列动作的一种简单的方法。使用函数，可以将重复的动作分组隔离出来，这样就不用重复输入代码了。使用函数可以节省输入的工作量，另外使用函数使得构思如何组织程序和更新程序更加容易。

在第 3 章中，每次想执行代码的时候都需要重新输入那个猜谜游戏，非常无聊。你可以通过在第 4 章学到的方法避免重复输入，也就是把代码保存到文件中，反复执行文件即可。或者可以把所有的代码包含在一个 while 语句里面。

这些方法有个共同的问题：在其他场景下并不能重复使用这些代码，除了注释以外，程序变得越来越大，也越来越糟糕，你也没有好方法弄明白每段代码的功能是什么。

让我们想想父母让你准备好东西上学的场景。他们可能会说，起床，穿好衣服，吃早餐，把家庭作业放到书包里，把午餐放到书包里，然后刷牙。当他们说，准备好上学，他们已经把不同的活动抽象为一件事。这个功能特别像一个 get_ready() 函数。这些活动也从特定的活动（详细的步骤、做什么事情、怎么去做）变成了一个通用（准备好）的活动。这就是*抽象*。

一旦关注的细节越来越少，抽象的程度就越高（也许你已经昏昏欲睡）。抽象用通用广泛的概念来明确目标，而不是处理每个具体的任务。通过函数层级的抽象来设计你的程序，然后再分别处理每个函数具体做什么，达到分而治之的目的。

函数允许你用代码来解释这段代码中什么是做什么用的，并且函数可以重复使用代码。

要想使用函数，你必须：

- 定义函数。
- 调用函数。

下面有个简单的例子，我们使用函数重写了 Hello World! 程序，打开 IDLE，在命令行窗口里输入以下代码：

```
>>> def print_hello_world():
        """Hello World as a function"""
        print('Hello World!')
```

记住要按两次回车键才能回到命令提示状态。

什么都没发生，是不是有点失望？确实有点，刚才你定义了一个函数（使用关键字 def）。现在你需要调用这个函数以便让它执行：

```
>>> print_hello_world()
Hello World!
```

从图 5.1 你可以看到，输入函数的名字和一对括号，Python 就会调用这个函数。这说明，Python 执行你编写的程序时，当它遇到函数调用的时候，Python 就会继续从函数定义的地方开始执行，运行那个函数的定义代码块里的所有代码。

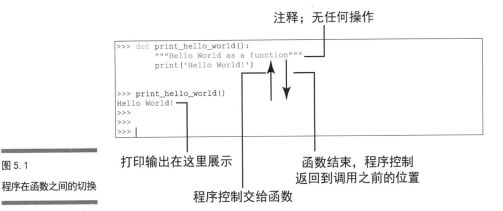

注释；无任何操作

```
>>> def print_hello_world():
        """Hello World as a function"""
        print('Hello World!')


>>> print_hello_world()
Hello World!
>>>
>>>
>>> |
```

打印输出在这里展示

函数结束，程序控制
返回到调用之前的位置

程序控制交给函数

图 5.1
程序在函数之间的切换

一个函数的代码块起始于 def 语句的下一行，终止于与 def 缩进相同（但不包括这一行）的那一行代码。图 5.2 展示了几个代码块：

confirm_quit 代码块

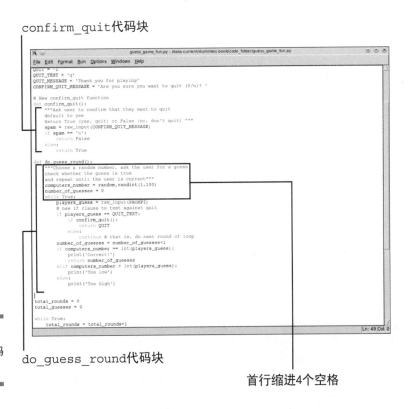

图 5.2
do_guess_round 代码
块包含 while 循环

do_guess_round 代码块

首行缩进4个空格

当 Python 运行到函数的尾部，会跳回函数调用的地方（回到括号那里）。

函数调用的括号非常重要，如果没有这一对括号，Python 就不会调用函数，而只是告诉你一些关于函数的信息：

```
>>> print_hello_world
<function print_hello_world at 0x7f8dd8043b90>
```

这个信息说明 print_hello_world() 是一个函数，它的名字是 print_hello_world()。结尾的数字说明了 Python 在内存里存储函数的位置。

给函数命名

给函数命名就像给变量取名一样，有非常多的规则：

- 函数名必须要以字母或者下划线开始。
- 函数名应该小写。
- 函数名可以包含数字。
- 函数名长度不限（长度合理即可），但是要尽量短。
- 函数名不能与 Python 的关键字同名，可以与已经存在的函数同名（包括内置的函数）。但现在要尽量避免这么做。

print_hello_world() 这个函数非常简单，它只做了一件事，因为调用函数的时候没有给它传递任何信息，因此这个函数无法对不同的情况做出响应。

如果在所有情况下做的事情都一样，这没有问题。因为可以与函数通信，并且可以依据给予的信息做不同的事情，这使得函数可以更有威力。我们可以修改这个函数，发送给它不同的消息让它打印。

函数是非常有用和强大的编程工具，因为它们可以把你的程序分解成有意义的代码块。所有的 Python 内置方法，包括标准库的所有方法都是函数。

为函数增加帮助文档

第 4 章讲解了注释的作用以及在程序中如何使用注释，以说明程序功能和这么写程序的目的。

函数具有一种特有的注释，叫作文档字符串。文档字符串的主要作用就是用来解释（可能是给未来的你）函数的功能是什么。这意味着将来如果有人（很可能就是你自己）阅读你的代码，不用猜测就可以理解这段代码的作用（有时候代码实现的功能并不是一眼就能看出来的）。

要创建一个文档字符串，在函数代码段第一行添加一个三引号包含的字符串，就像这样：

```
>>> def test_function():
    """Just a function stub to illustrate some basic things about
docstrings. Add a docstring as a string literal at the start of the
function code block. Use triple double quotes."""
    pass
```

Python 代码规范里面对文档字符串的说明被称为 PEP257（那些编写 Python 的人有时候一点都不浪漫），这个规范将长久有效。至于文档字符串可以写多长？答案当然是很长。下次等你玩游戏累了的时候，花点时间去详细地阅读一遍 PEP257 吧。我打赌你不会去读的。

关于文档字符串的一些重要内容：

- 文档字符串应该使用三引号（被 3 个双引号包围）字符串。类似这样 """This is a docstring"""。不要在每行前后都添加 3 个引号，只需要在字符串的开头和尾部各放 3 个双引号即可。
- 文档字符串应该说明函数的功能，你父母使用的 get_ready() 函数的字符串可以写为 "get each kid ready for school "。它说明了这个函数的功能，而不是如何实现这个功能。
- 文档字符串应该使用英文句子来描述（或者使用你的母语）。
- 如果不能详尽地解释函数的所有功能也无妨，把函数的功能写下来，不要写如何实现这个功能。在写代码的过程中，可以随时回来修改文档字符串。

理想的情况是每个函数都有自己的文档字符串，然而一个函数是否需要写文档字符串，取决于你要使用这个程序多久，以及这个函数的复杂程度。

使用字符串而不是哈希注释作为文档字符串。有些工具会自动查找文档字符串，事实上，你现在可以自动将 Python 的帮助函数应用到这个函数上，即使你现在只是刚定义了这个函数：

```
>>> help(test_function)
>>> Help on function test_function in module __main__:
```

```
test_function()
    Just a function stub to illustrate some basic things
    about docstrings.Add a docstring as a string literal
    at the start of the function code block. Use triple
    double quotes.
```

可能你会觉得使用文档字符串有些无聊，也没什么用。千万不要有这种想法，写文档字符串是一个非常好的习惯，尤其是如果你想把写程序当作谋生的手艺。相信我，如果Google（谷歌）雇佣了你，一定会希望你遵守 PEP8 规范，即书写文档字符串。

自动化

如果你的程序可以自动地为你做一些事情，并且你被它这么轻松就做到一些事情所折服的话，对你来说这就是不可思议的自动化过程。

有工具可以抽取程序的文档字符串，如果给每个函数都书写了文档字符串，这个程序就有一个可以快速生成早期文档的方法。这个工具将会节省你的时间。

为函数坐桩

如果你需要一个函数，但还没有确定好这个函数的细节，你可以使用关键字 pass 来填充这个函数，回头再来实现函数的具体细节。在下面的代码中，你要用这个函数解决世界的饥饿问题，但是目前还不确定该怎么做。那么现在可以使用关键字 pass 作为函数占位符，至于实现的细节之后再考虑：

```
>>> def sovle_world_hunger():
        pass
```

像这样的空函数就是桩——先定义函数（没有代码块的函数是不合法的），之后再实现程序细节。桩的主要用途是帮助开发人员整理思路。

如果函数包含了文档字符串，就不需要使用 pass 语句了。使用文档字符串是比较好的一个方法。如果你不知道文档字符串该如何书写，这说明你根本不需要这个函数（可能它的功能已经被其他的函数实现了）。

```
>>> def solve_world_hunger():
        """This is a function that I will write later.
        It will automatically feed the world's starving masses"""
```

了解主函数

函数内部的代码很简单，当我提到 sovle_world_hunger 的代码，显然我说的是这个函数内部的代码。我要把你们的注意力吸引到不是这个函数之外的代码上。程序或者模块的最上层结构被称为 main。（为什么叫这个名字？我也不知道，我猜这是为了兼容其他编程语言的缘故，它们都把主函数当作程序的入口）

假设你有如下所示的程序：

`""" A teeny tiny program to demonstrate main"""`

```
def test_function():
    """ Just a nothing function.
Ignore it"""

test_function()
```

test_function 的代码段通过函数名来识别。函数 test_function() 在主函数里面会被调用。这是怎么回事？我会在后面的章节谈论这个主函数。

重构猜谜游戏

在第 3 章结尾的时候，你的程序类似下面所示，我把 >>> 提示符给扔掉了。

列表 5.1

```
import random

computers_number = random.randint(1,100)
prompt = 'What is your guess? '

while True:
    players_guess = raw_input(prompt)
    if computers_number == int(players_guess):
        print('Correct!')
        break
    elif computers_number > int(players_guess):
        print('Too low')
    else:
        print('Too high')
```

把所有代码都放到一个函数里非常简单（除了 import 语句），按照下列步骤操作即可：

1. 在 IDLE 里创建一个新文件。

如果有需要，可以回到前面去查看一下第 4 章。

2. 在文件的开始添加一个模块文档字符串，说明这个程序实现的功能。

模块文档字符串的开头和结尾要使用 3 个双引号。

3. 保存文件，取名为 guess_game_fun.py。

4. 重新输入第 3 章的代码。

现在你要利用函数来重写这个项目。

5. 创建一个函数，命名为 do_guess_round()。

6. 为函数 do_guess_round() 创建一个桩。

7. 为函数添加一个文档字符串。

文档字符串的开头和结尾要使用 3 个双引号。

8. 把第 3 章里 while 循环内的代码放到 do_guess_round() 函数里。

9. 缩进代码，使得其成为函数代码的一部分。

使用 IDLE 的 Format->Indent Region 或者输入 Ctrl +]。

10. 添加一行调用函数 do_guess_round() 的代码。

```
do_guess_round()
```

11. 保存文件。

保存文件之后，如果代码有语法错误，IDLE 会高亮显示有错误的那段代码。如果有错误，检查一下是否有拼写错误，确保字符串两端引号是匹配的。

12. 按功能键 F5 或者选择菜单栏的 Run → Run Module。

看这个猜谜游戏是否和第 3 章里的效果一样，我这里是可以。

列表 5.2

```
"""guess_game_fun
Guess Game with a Function
In this project the guess game is recast using a function"""

import random

computers_number = random.randint(1,100)
PROMPT = 'What is your guess? '

def do_guess_round():
    """Choose a random number, ask the user for a guess
    check whether the guess is true
    and repeat until the user is correct"""
    while True:
        players_guess = raw_input(PROMPT)
        if computers_number == int(players_guess):
            print('Correct!')
            break
        elif computers_number > int(players_guess):
            print('Too low')
        else:
            print('Too high')

do_guess_round()
```

列表 5.2 对代码有些许的改动。我把提示符的名字改成了 PROMPT。按照惯例（规则），把不想改变的值存到"变量"（用双引号原因是实际上这不是一个变量）时，变量名全部用大写字母。因为提示信息一直保持不变，我把它的名字全部用大写字母表示。

值不变的变量称为常量（也许你也见到过 static 被用于常量）。把所有的常量都放在文件的起始位置，而不是散落在文件的各个地方。

在 Python 文件里，函数的定义一定要出现在函数被调用之前。

查找逻辑问题

等等！之前的代码有点问题。如果你把这个猜谜环节（从计算机要求用户输入到用户正确猜出结果是完整的一轮问答）放到循环里，问题很容易就出现了。

把程序结尾的 do_guess_round() 改成：

```
while True:
    do_guess_round()
```

保存文件，在编辑窗口下按 F5 键。

```
>> ================================= RESTART
===============================
>>>
What is your guess? 67
Too low
What is your guess? 87
Too low
What is your guess? 97
Too low
What is your guess? 99
Too low
What is your guess? 100
Correct!
What is your guess? 10
Too low
What is your guess? 56
Too low
What is your guess? 99
Too low
What is your guess? 100
Correct!
What is your guess? 50
Too low
```

```
What is your guess? 99
Too low
What is your guess? 100
Correct!
What is your guess? 100
Correct!
What is your guess? 100
Correct!
What is your guess?
```

干得好，这个程序有两个问题：

✔ 每次程序重新启动以后，计算机的答案都是一样的（例子里是 100）。程序不应该是这样的，计算机每轮猜测的数字应该是不一样的，你能想明白这是为什么吗？因为每次数字都是相同的，问题可能出在这个数字的选择上或者这个数字存储得不正确。仔细思考 Python 执行代码的流程，以及数字选择的过程和主流程的关系。之后我会详细分析原因。

✔ 无法分辨什么时候一轮问答终止，以及什么时候新的一轮问答开始。

解决逻辑问题

程序每次猜谜的答案都是同一个数，原因在于 random.randint() 函数的调用位置。执行程序时，代码的执行过程如下所示：

1. 执行导入操作。

2. 选择一个随机数。

3. 给常量 PROMPT 赋值。

4. 定义函数，但是并不执行它。

5. 开始循环。

6. 在循环内部循环调用函数。重复执行跳到步骤 4，但不要跳到步骤 2 去选择一个新的随机数。

当程序调用函数的时候，并没有重新选取随机数，每轮猜谜用的都是相同的数字。把选择随机数的代码放到函数内，即可修复这个问题。通过添加一个打印语句来区分每一轮问答。新一轮问答开始时就可以区分开来。

输出计算机选中的那个数字，会帮助你理解程序是如何执行的。修改问题以后新版本的程序如下：

```
"""guess_game_fun
Guess Game with a Function
In this project the guess game is recast using a function"""

import random

computers_number = random.randint(1,100)
PROMPT = 'What is your guess? '

def do_guess_round():
    """Choose a random number, ask the user for a guess
    check whether the guess is true
    and repeat until the user is correct"""
    computers_number = random.randint(1,100) # Added
    while True:
        players_guess = raw_input(PROMPT)
        if computers_number == int(players_guess):
            print('Correct!')
            break
        elif computers_number > int(players_guess):
            print('Too low')
        else:
            print('Too high')

while True:
    # Print statements added:
    print("Starting a new Round!")
    print("The computer's number should be "+str(computers_number))
    print("Let the guessing begin!!!")
    do_guess_round()
    print("") # blank line
```

我新加了两块附有注释的代码。第一块是每次调用函数的时候，计算机会重新生成一个数字。第二块添加了一些打印语句，这些打印语句会在新一轮游戏开始时输出。

注意 computers_number 的二次应用

在函数内部添加选择随机数的语句修复了之前发现的逻辑问题。如果你这么做了，就会删除程序前面对变量 computers_number 的引用。没有删除是因为我想让你注意两件事：

✔ 第一，程序看起来好像有两个变量，变量名字都为 computers_number。你可以分辨出来，因为即使你把那个变量（print（"The computer's number should be "+str（computers_number）））打印出来，也和正确的答案不同。

✔ 第二，尽管函数内部的变量 computers_number 不断被赋予新值，但是这些赋值操作并没有改变函数外面的变量 computers_number 的值。

运行一下你自己的代码去验证一下效果。我的代码结果输出列在了下面。每次函数被调用,computers_number 的值都是 50,但是,每次我猜对的数字都是不同的数字(第一次是 73,第二次是 17)。

```
Starting a new Round!
The computer's number should be 50
Let the guessing begin!!!
What is your guess? 50
Too low
What is your guess? 75
Too high
What is your guess? 63
Too low
What is your guess? 68
Too low
What is your guess? 72
Too low
What is your guess? 73
Correct!
Starting a new Round!
The computer's number should be 50
Let the guessing begin!!!
What is your guess? 50
Too high
What is your guess? 25
Too high
What is your guess? 12
Too low
What is your guess? 18
Too high
What is your guess? 15
Too low
What is your guess? 16
Too low
What is your guess? 17
Correct!

Starting a new Round!
The computer's number should be 50
Let the guessing begin!!!
What is your guess?
```

理解作用域的原理

这些代码涉及的内容比较深奥,这是变量作用域的示例。变量的*作用域*是 Python 认为某个变量名字有意义的范围。这个定义有点微妙(有趣),毕竟在一个程序里相同的变量名会在不同的地方存在。变量的作用域使得 Python 可以理解你所使用的变量的确切含义。

在前面的代码里，变量名 computers_number 出现了不止一次。一次出现在了函数 do_guess_round() 中，另外一次出现在了主函数里，但这两个变量从来没有彼此碰见，好像它们存在于不同的空间里。每个变量在一个空间发生的改变不会影响到另一个空间的同名变量。实际上，每次调用函数 do_guess_round()，这个变量都是不同的（但是名字是一样的）。程序并没有记住这个变量由上次函数调用赋予的值。

定义在函数内部的变量（包括那些通过参数传递进来获得值的变量）被称为是*局部变量*。这意味着当你在函数内部自由选择变量的名字时，不需要记住之前所使用过的变量名。

但是如果变量根据它们所在的函数而存在于不同的空间里，事情就变得有些不可思议。为什么列表 5.2 的变量 computers_number 不在函数内部？函数是怎么断定这个变量的值呢？

当 Python 遇到对变量的引用时，Python 会在当前函数范围内去查找这个变量是否在函数内有赋值。如果在函数内部无法找到这个变量，Python 会继续在主函数内查找是否存在该变量。如果有，Python 就会使用这个变量的值。

反之则不成立。如果你让 Python 给变量命名并且赋予一个值，Python 就会在函数内部创建一个新的变量。Python 可以从程序的主函数空间内读取一个变量的值，但（正常情况下）是不能改变主函数里这个变量的值。

下面的例子里，在主函数中命名了一个变量 A，并且定义了 3 个函数 test1()、test2()、test3()。每个测试函数都尝试打印一个名为 A 的变量。在揭晓结果之前，尝试分析出 test1()、test2()、test3() 中 A 的值。

```
""" locals.py
examples of local variables"""
A = 'This is the text message from main'

def test1():
    print('In test1.')
    print(A)
    print('Leaving test1.')

def test2():
    print('In test2.')
    A = "This is test2's text message."
    print(A)
    print('Leaving test2.')

def test3():
    print('In test3.')
    print(A)
```

```
        A = "This is test3's text message."
        print('Leaving test3')

test1()
print('Back in main')
print(A)
test2()
print('Back in main')
print(A)
test3()
```

输出结果如图 5.3 所示。

变量A的值来自于test2()的变量A

变量A的值取自主函数

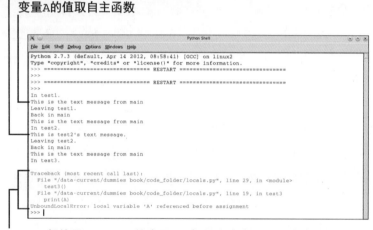

图 5.3

变量的值取决于变量
的作用域

Python想使用test3()的变量A，但是这个变量还没有赋值

在函数 test1() 里，Python 访问了程序里主函数里的变量 A，打印了变量 A 的值，没有改变变量 A 的值。在函数 test2() 里，Python 给变量 A 赋值，并打印结果。在 Python 从函数返回之后，主函数里的 A 的值并没有改变。

为什么 test3() 失败了呢？test2() 和 test3() 的唯一区别就是，在 test2() 里面，打印变量A之前，先对变量A执行了赋值操作。但在 test3() 里却是相反的。在这两个函数里，变量 A 都被赋予了一个数值，因此 Python 知道在该函数范围内（ 作用域空间）有一个变量（ 或者说将有一个变量）被命名为 A。因此，Python 就不会从函数范围之外的主函数获取 A 的数值。在函数 test3()，Python 需要给变量 A 一个数值，Python 知道 A 在函数 test3() 中会被赋值，使得 A 成为一个局部变量。Python 就不会再从主函数查找变量

A 的数值，即使在 test3() 中变量 A 还没有被赋值。在 test3() 中，因为 Python 执行到打印语句时，变量 A 还没有被赋值，因此变量 A 是不能被成功打印的。

与函数通信

到目前为止，自定义函数和主函数还没有通信过。主函数既没有传递信息给自定义的函数，自定义的函数也没有返回信息给主函数。本来它们应该像个团队一样合作的。幸运的是，Python 知道如何与函数通信以及函数如何与它的调用者通信。在下面的小节中，我们就来看看 Python 是怎么做到的。

给函数发送消息

你之前已经使用过某种方式实现了这点，虽然有点受限制，那就是在主程序中使用一个与函数内部名字相同但是不会在函数内部被赋值的变量。这种情况下，函数可以访问这个变量的值。

但是常量例外（这完全没有问题），这种与函数通信的方法很不可取，不要尝试这么做。Python 有更好的方法与函数通信数据。实际上，从设计之初，函数就有很多接收数据的方法。想令函数接收数据，你必须：

1. 判断这个函数需要接收的信息数量。函数对此是有限制的，不过放心，肯定是满足你的需求的。

2. 对每份信息，选择一个变量来存储这个信息。

3. 在函数定义里列出每个变量名。

争论的空间

Monty Python 喜剧团有一幕剧讲的是，一个人想雇用别人和他们进行争论，第一个人争论说，作为争论来说，简单地驳斥别人并不是一个有意义的争论（实际上，他花了钱却没得到想要的争论）。另外一个人积极的驳斥他，反复说，不，事实不是这样的。事实上，这才是真正的争论。

在函数括号里所列的每个变量被称为参数。

启动 Python 解释器，尝试一下如图 5.4 所示的代码吧。

这个位置是用来放置参数的

图 5.4
根据位置给参数赋值

参数

图 5.4 所示的函数名容易引起误解，因为它的效果并没有加 1（我后来才意识到这点）。实际上它的效果就是原样展示了所输入的内容。执行 add_one(1) 时，创建了一个局部变量 a_number，然后数值 1 赋值给了变量 a_number。下一行，函数输出了这个数值 1（因为它被存放到了变量 a_number 中）。之后 Python 遇到了函数代码块的结束符，停止执行并回到了函数被调用的地方，把参数放到括号里传递给函数。

如果定义函数的时候指明需要一个参数，那么在调用它的时候就要传递一个变量给它，否则它就会报错：

```
>>> add_one()

Traceback (most recent call last):
  File "<pyshell#7>", line 1, in <module>
    add_one()
TypeError: add_one() takes exactly 1 argument (0 given)
```

报错的意思是说，add_one() 这个函数需要传递一个变量（参数）给它，但是实际上并没有如你设计的那样给它传递一个变量。

一个函数可以有多个参数，只要给每个参数都传递值即可。下面这个函数有两个参数——a 和 b。这个函数被调用的时候，1 和 2 被传递给函数，按顺序赋值给变量 a 和变量 b，参数之间用逗号隔开。

```
>>> def print_two_number(a,b):
        print(a,b)

>>> print_two_numbers(1,2)
(1,2)
```

如果函数设计为接收多个参数，就可以传递多个值给它。变量的值是按照参数声明的顺序赋值给变量的——也就是*位置*参数。图 5.5 中的数值 1 和 2 按顺序被赋值给变量 b 和变量 a。因为这是按照函数定义参数的顺序来的。

图 5.5

参数的值根据函数定
义的位置顺序传入

```
>>> def print_two_numbers(b,a):
        print("a= "+str(a)+", b='+str(b))


>>> print_two_numbers(1,2)
a= 2, b=1
```

赋予参数默认值

位置参数按照函数定义的顺序传递给函数，可以定义参数让它有默认值，这被称为关
键字参数。

如果给某个参数指定了默认值，那么在调用这个函数的时候可以不用给这个参数赋值。
如果没有给这个参数赋值，函数就会使用这个参数的默认数值。

参数获得默认值是通过函数定义实现的。

下面的例子展示变量 display 是如何获得默认值 True 的：

```
>>> def add_one(a, b, display = True):
        if display:
            print("a= "+str(a))
            print("b= "+str(b))

>>> add_one(1, 2)
a = 1
b = 2
>>> add_one(1, 2,False)
>>>
```

参数 display 有默认值 True。执行 add_one（1,2）时，没有给第三个参数赋值，
因此函数使用了默认值 True，执行了两个打印语句。

执行语句 add_one（1,2,False）的时候，变量 display 被赋值为 False。因此条件
语句 if display: 判断为假，什么都没有打印。

定义函数时，关键字参数要位于位置参数之后。

```
>>> def add_one(display=True, a, b):
        pass
SyntaxError: non-default argument follows default argument
```

一个函数可以拥有多个默认参数，参数按照函数定义的顺序被赋值。如果你想让某个位置比较靠前的参数使用默认参数，而它之后的参数不使用默认参数，就会出现问题。如果置之不理，那么参数就不会被正确地赋值。

Python 对于有多个默认值参数的函数有一个专门的语法。在函数定义阶段，就赋予参数变量一个值。比如在下面的例子里，声明参数的顺序和默认值是 include_pumpkin=False, display=False。Python 如果显式地赋予默认参数一个数值，那么这些参数的排列顺序就可以是任意的。

```
>>> def add_one(a,b,include_pumpkin=False,display=False):
        filler = " "
        if include_pumpkin:
            filler = " pumpkin! "
        if display:
            print(str(a)+filler+str(b))
>>> add_one(1,2,True)
>>> # True being sent to include_pumpkin
>>> # but display still False so nothing is printed
>>> add_one(1,2,True,True) # True being sent to both
1 pumpkin! 2
>>> add_one(1,2,display=True,include_pumpkin=True)
1 pumpkin! 2
>>> add_one(1,2,display=True,include_pumpkin=False)
1 2
```

在函数调用 add_one(1,2,display=True, include_pumpkin=True) 里，给予了关键字参数特定的数值。如果使用了语法 <variable name> = value，那么关键字参数的位置就可以任意排列（与位置参数不同，位置参数对参数的调用顺序有严格要求）。实际编写代码时，需要使用实际的变量名和数值来替换 variable name 和 value。

这个例子中，变量 display 和 include_pumpkin 的顺序和函数定义的顺序是相反的。最后的一个例子中，add_one（1, 2, display=True, include_pumpkin=False），关键字参数 include_pumpkin 显示赋值 False，其实这个没有必要，因为它的默认值就是 False。

以函数通信

现在大家已经知道了，主程序可以向函数传递信息，这是通过传递参数或者引用一个在函数内部还没被使用的变量（通常用于常量）实现的。你现在还不了解一个函数如何给主程序返回信息，或者给调用它的另一个函数返回信息。Python 可以使用关键字 return 返回信息给调用它的主程序。看看下面这个例子：

```
>>> def add_one(a_number):
    return a_number+1
```

在这段代码里，我们重写并改进了 add_one() 函数，实现了加 1 功能。这个函数接收一个参数 a_number，通过使用关键字 return 返回 a_number 与 1 的和。调用这个函数看看它是如何工作的：

```
>>> add_one(4)
5
```

在函数的第一行(也是唯一的一行)代码里，查找变量a_number 存储的值，也就是4，然后对其加 1，得到了 5，再将这个值返回给调用这个函数的程序。此时，这个函数停止运行，同时程序回到调用这个函数的地方继续执行。

你可以将函数的返回值也存到一个变量里，就像存储其他值的方法一样。下面的例子里使用了变量 retval 来存储函数的返回值：

```
>>> retval= add_one(4)
retval
>>> retval
5
```

即使函数没有 return 语句，所有的函数也都有返回值。print_hello_world() 函数没有 return 语句，你猜这个函数的返回值是什么？

```
>>> def print_hello_world():
        """Hello World as a function"""
        print('Hello World!')
```

Python 代码编译

Python 运行程序的第一件事是将人类可读的代码转换为适合机器执行的代码。程序执行之前 Python 至少会将所有代码通读一遍。这也是函数 test3() 有问题的原因。

```
>>> retval = print_hello_world()
Hello World!
>>> print(retval)
None
```

尽管函数没有明确地返回数值，但变量 retval 现在有了一个数值 None。就好像在问这个函数的返回值是什么？Python 说是 None。一般来说我们不会这样做，但是实际上，我们的程序经常会碰到奇怪的问题，原因就在于我们希望函数返回数据，但实际上却没有。你需要了解一些调试技术才能找到问题的原因，第 6 章里面我将会展示一个示例。

添加分数

从前几节，我们已经学会：

✔ 使用函数参数将信息传递给函数。

✔ 函数使用 return 语句将函数内的信息返回给调用这个函数的程序。

现在是时候将你的游戏改进一番了，我们给它添加计分数和快捷退出的功能，不能指望所有用户都会通过 Ctrl+C 组合键来结束程序运行。程序修改之后将会记录下：

✔ 用户玩过的次数。

✔ 猜谜的总次数（计算平均猜谜次数时需要用到）。

你可以按照列表 5.2 来修改 guess_game_fun.py 的代码，添加上述特性。

对轮数的修改：

1. 在主流程代码增加变量 total_rounds。

2. 在主流程的 while 循环中将 total_rounds 每次加 1。

对猜谜次数的修改：

1. 在 do_guess_round() 函数里添加变量 total_guess，每轮将该变量加 1。

2. 使用 return 关键字将这个变量的值返回给调用者。

下面是修改后的代码，注释标明了修改的内容。

```
"""guess_game_fun
Guess Game with a Function
In this project the guess game is recast using a function"""
import random

PROMPT = 'What is your guess? '

def do_guess_round():
    """Choose a random number, ask the user for a guess
    check whether the guess is true
    and repeat until the user is correct"""
    computers_number = random.randint(1, 100)
    number_of_guesses = 0 # Added
    while True:
        players_guess = raw_input(PROMPT)
        number_of_guesses = number_of_guesses+1 # Added
        if computers_number == int(players_guess):
            print('Correct!')
            return number_of_guesses # Changed
        elif computers_number > int(players_guess):
            print('Too low')
        else:
```

```
        print('Too high')

total_rounds = 0   # Added
total_guesses = 0  # Added

while True:
    total_rounds = total_rounds+1 # Added
    print("Starting round number: "+str(total_rounds)) # Changed
    print("Let the guessing begin!!!")
    this_round = do_guess_round() # Changed
    total_guesses = total_guesses+this_round # Added
    print("You took "+str(this_round)+" guesses") # Added
    avg = str(total_guesses/float(total_rounds)) # Added
    print("Your guessing average = "+avg) # Added
    print("") # blank line
```

代码中将 while 循环中的打印语句做了调整，另外新添加了一些打印语句，这样会给用户提供更详细的信息。运行程序看看功能是否正常。

已经猜谜的次数保存在了函数内部。程序主流程无法获取到函数内的变量，因为这些变量是函数的局部变量。主流程要想获得这个值，需要通过 return 关键字来实现，并将这个值保存在变量 this_round 中。

总的猜谜次数被记录在变量 total_guess 里面。这个值将用于计算每轮猜谜需要的平均次数（猜谜的总次数除以总的猜谜轮数）。内置函数 float() 的用途是强制 Python 使用小数运算而不是整数运算（参考第 3 章）。

让用户退出

用户输入 q 即可退出程序，但是一般情况下，如果因为用户不小心输错了内容，但实际上并不想退出程序，这种情况下，程序不应该马上退出，常规情况下需要让用户确认是否是真的要退出。默认值是退出。

首先函数要确认是否退出：

1. 创建常量（CONFIRM_QUIT_MESSAGE）用来作为确认退出的提示。

2. 创建函数 confirm_quit 以及文档字符串。

3. 在函数内部，让用户输入字符 y 来确认退出（使用函数 raw_input()）。

如果用户输入的值是 'n'，返回 False，否则返回 True。这方法看起来有些落后，但却有效，这样默认就是退出。

下面是 confirm_quit() 函数的代码:

```
CONFIRM_QUIT_MESSAGE = 'Are you sure you want to quit (y/n)? '

def confirm_quit():
    """Ask user to confirm that they want to quit
    default to yes
    Return True (yes, quit) or False (no, don't quit) """
    spam = raw_input(CONFIRM_QUIT_MESSAGE)
    if spam == 'n':
        return False
    else:
        return True
```

选手被要求输入确认信息，输入的内容存在了变量 spam 里。如果 spam 的值（用户输入的内容）是 'n'，那么函数 confirm_quit 将会返回 False。这意味着程序应该终止退出。如果 spam 是其他值（包括用户仅按了回车键或是 N 键），函数都会返回 True，确认用户将要退出。函数默认是确认退出，而不是终止程序运行。之所以做这个假设是因为大多数情况下用户确实是想退出游戏。

代码中的 if...else 语句可以被一行代码替换：return spam !='n'。代码现在看起来有些复杂。仔细看一下，确认它们是等价的。

现在你需要将这段代码和程序的其他部分集成起来：

1. 定义常量 QUIT_TEXT 存放字符 q（用户退出需要输入的内容）。

2. 定义常量 QUIT 并赋值为 -1，如果用户退出函数 do_guess_round() 将会返回这个值。

3. 在函数 do_guess_round 内添加一段代码，检查用户输入的是否是字符 q 而不是一个数字。

4. 如果有需要，调用 confirm_quit() 函数来确认退出。

5. 调用函数 confirm_quit() 的结果如果是 True，则程序退出，添加代码 return QUIT。

这就会退出函数并且返回 -1，否则添加一行代码 continue（这是一个新的关键字）。这段代码要独立成行，关键字 continue 使得循环从头开始执行，根据所使用的循环的类型，这也可能意味着循环的计数器要自增了。

在 import random 语句之后添加新的常量：

```
QUIT=-1
QUIT_TEXT= 'q'
```

新增的代码紧随函数 raw_input() 之后，如下所示：

```
if players_guess == QUIT_TEXT:
    if confirm_quit():
        return QUIT
    else:
        continue # that is, do next round of loop
```

选手每次猜谜时，猜谜的结果都会和 QUIT_TEXT 比较是否一样，如果一样，则通过调用函数 confirm_quit() 来让用户确认是否要退出。如果确认是要退出，则函数 do_guess_round() 退出运行，并返回 −1（这个值存放在常量 QUIT 中）。如果用户确认不退出，那么用户则是不小心输入的 q——continue 语句略过当前循环剩余未执行的代码，开始新的一轮循环。因为 players_guess 的值不是一个数字（这个值是 q），所以本轮循环未执行的代码需要被放弃执行。

最后要做的事情就是返回到主程序。检测 QUIT 的值是否返回给了变量 this_ground。如果返回了，执行下面的步骤：

1. 生成要打印的统计信息。

程序预期选手会正确地猜出结果，所以代码会将变量 this_round 加 1，如果收到了 QUIT 退出消息，那么计算统计信息之前需要将本次猜谜计数排除在外。计算选手每轮平均的猜谜次数（总的猜谜次数除以总的猜谜轮数）。

要确保使用的是浮点数除法，否则计算结果将是错误的。只要使用函数 float() 将其中的一个转为浮点数即可。

2. 使用 break 语句跳出 while 循环。

3. 在程序的最后打印统计信息。

4. 在最后添加一些打印语句用以打印统计信息。

下面这段代码适用于步骤 1~4，放在语句 this_round = do_guess_round() 之后：

```
# new if condition (and code block) to test against quit
if this_round == QUIT:
    total_rounds = total_rounds -1
    avg = str(total_guesses/float(total_rounds))
    if total_rounds == 0:
        stats_message = 'You completed no rounds. '+\
                        'Please try again later.'
    else:
        stats_message = 'You played ' + str(total_rounds) +\
                        ' rounds, with an average of '+\
                        str(avg)
    break
```

5. 在程序的底部添加如下代码（在 while 循环之外）。

```
print(QUIT_MESSAGE)
print(stats_message)
```

现在你应该明白为什么将常量 QUIT 赋值为 -1 了吧。主程序是如何分辨出一个数字代表的是用户猜谜的结果还是要退出的命令呢？

如果主程序不能确定它收到的是字符串还是数字，就不能正确地通过验证。比如说，如果返回 quit 作为用户要退出的信号，那么 this_round 变量将被赋值字符串 quit。而到目前为止，this_round 一直都存放的是数字类型。如果它的值是字符串类型，但是当作数字来使用，Python 就会报错并崩溃退出。同样如果它的值是数字，但却将它当作字符串来使用，结果是一样的。

随着对 Python 的掌握越来越深入，你会学到很多方法来处理这个问题，至于现在，一个解决方法是让 do_guess_round() 函数返回的数字不是一个有效的猜谜结果，比如 -1 就非常理想。因为猜谜的结果不可能是负数。或者选择 100 000，因为我们假设没有人会猜这么多次。我倾向选择 -1。

总的来说，主程序每次都会判断函数 do_guess_round() 的返回值，看它是不是返回的 QUIT 值。如果这个值和退出值相等，Python 退出之前会打印一些信息，并且退出 while 循环。这些消息被打印出来之后，代码结束，程序终止执行，我们也终于可以长舒一口气了。

退出 Python 程序

当 Python 执行完所有指令之后就会退出程序运行。解释器有时还没执行完程序就会失败，有时你希望程序能明确地退出，Python 主要有两种方法强制退出：

☑ 调用内置函数 exit()。使用这个函数退出 Python 解析器交互模式，切记不要在已保存的程序中使用它，因为调用它之后，程序不能正确地清理运行的数据。

☑ 函数 exit()，这个函数来自 Python 标准库模块 sys。要想使用这个函数，需要先导入这个模块。

```
# A short program to demonstrate
# sys.exit
import sys
sys.exit()
print('if you can read this I'+\
'have not exited when I should have')
```

如果你是在 Python 命令行窗口执行这段程序，程序应该不打印任何程序就退出了。解释器永远不会执行到打印语句。如果你在 IDLE 编辑器中执行这段代码就不会生效（源于 IDLE 工作的原理）。

完整的代码

当你把所有代码放在一起，就是如下这样：

```python
"""guess_game_fun
Guess Game with a Function
In this project the guess game is recast using a function"""

import random

PROMPT = 'What is your guess? '

# New constants
QUIT = -1
QUIT_TEXT = 'q'
QUIT_MESSAGE = 'Thank you for playing'
CONFIRM_QUIT_MESSAGE = 'Are you sure you want to quit (y/n)? '

# New confirm_quit function
def confirm_quit():
    """Ask user to confirm that they want to quit
    default to yes
    Return True (yes, quit) or False (no, don't quit) """
    spam = raw_input(CONFIRM_QUIT_MESSAGE)
    if spam == 'n':
        return False
    else:
        return True

def do_guess_round():
    """Choose a random number, ask the user for a guess
    check whether the guess is true
    and repeat until the user is correct"""
    computers_number = random.randint(1, 100)
    number_of_guesses = 0
    while True:
        players_guess = raw_input(PROMPT)
        # new if clause to test against quit
        if players_guess == QUIT_TEXT:
            if confirm_quit():
                return QUIT
            else:
                continue # that is, do next round of loop
        number_of_guesses = number_of_guesses+1
        if computers_number == int(players_guess):
            print('Correct!')
            return number_of_guesses
        elif computers_number > int(players_guess):
            print('Too low')
        else:
            print('Too high')


total_rounds = 0
total_guesses = 0

while True:
    total_rounds = total_rounds+1
```

```
        print("Starting round number: "+str(total_rounds))
        print("Let the guessing begin!!!")
        this_round = do_guess_round()

        # new if condition (and code block) to test against quit
        if this_round == QUIT:
            total_rounds = total_rounds - 1
            avg = str(total_guesses/float(total_rounds))
            if total_rounds == 0:
                stats_message = 'You completed no rounds. '+\
                                'Please try again later.'
            else:
                stats_message = 'You played ' + str(total_rounds) +\
                                ' rounds, with an average of '+\
                                str(avg)
            break
        total_guesses = total_guesses+this_round
        avg = str(total_guesses/float(total_rounds))
        print("You took "+str(this_round)+" guesses")
        print("Your guessing average = "+str(avg))
        print("")

    # Added exit messages
    print(stats_message)
```

总结

哇哦，你在这章里面完成了非常多的事情，光是看这个列表我就感觉筋疲力尽了。在这章里完成了如下一些事情：

- 学习了 3 个新的关键字 def、return 和 continue（还有 9 个）。
- 学习了什么是函数以及如何创建函数。
- 学习了函数命名的规则。
- 为函数编写文档字符串，并且明白了它的重要性。
- 调用了函数。
- 创建了桩用以标记，后续会来完善它。
- 掌握了变量如何在函数和局部范围内共存。
- 通过函数参数给函数传递信息。
- 给予参数默认值，还掌握了位置参数和关键字参数的区别。
- 使用 return 关键字将函数内的信息传递出来。
- 退出程序运行。
- 创建了一个简短的函数来确认选手是否要退出游戏。

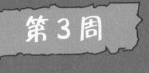

创造文字游戏

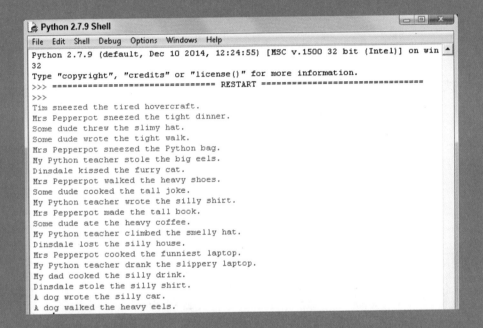

第6章
黑客对讲机：1337 Sp34k3r

你现在是否已经准备好写个程序把信息转化为黑客精英们的暗语（1337 sp34k）。也许之前你已经看到过其他人用数字或者其他的字符替换了消息中的原始字符，从而组装出一个新的消息。常见的一个例子就是用数字3替换字符E。

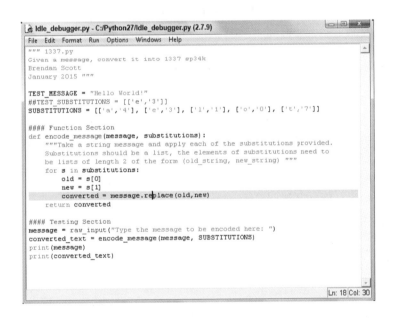

```
""" 1337.py
Given a message, convert it into 1337 sp34k
Brendan Scott
January 2015 """

TEST_MESSAGE = "Hello World!"
##TEST_SUBSTITUTIONS = [['e','3']]
SUBSTITUTIONS = [['a','4'], ['e','3'], ['l','1'], ['o','0'], ['t','7']]

#### Function Section
def encode_message(message, substitutions):
    """Take a string message and apply each of the substitutions provided.
    Substitutions should be a list, the elements of substitutions need to
    be lists of length 2 of the form (old_string, new_string) """
    for s in substitutions:
        old = s[0]
        new = s[1]
        converted = message.replace(old,new)
    return converted

#### Testing Section
message = raw_input("Type the message to be encoded here: ")
converted_text = encode_message(message, SUBSTITUTIONS)
print(message)
print(converted_text)
```

要想实现这个功能，你需要回忆一下之前学过的知识：字符串、列表、对象以及Python 的内省机制。这个项目的代码虽然很简单直接，但是其中蕴含的思想却是非常深刻的。通过这个项目，我相信你将会被 Python 解决复杂问题的便捷性所折服。这个项目使用到的所有技术点都是使用 Python 需要掌握的知识。

字符串中有个对象

因为本章包含的信息量太大，所以应该把本章称为"头脑爆炸环节"（我的技术编辑称她从没围观过这么有信息量的头脑风暴，所以我认为称之为头脑爆炸是没问题的）。

大家对字符串已经非常熟悉了。我们在第 2 章就第一次遇到了字符串。你是否还记得把字符串 Hello World 赋予了一个变量？打开 IDLE，再输入一次：

```
>>> my_message = 'Hello World!'
```

请注意，我的编辑认为在继续下一步之前，以防万一，你可能需要给脑袋先缠上绷带（但我不认为是因为她真的有什么疾病）。当输入完毕上述语句之后，输入下列内容：

```
>>> dir(my_message)
```

辛普森的绳子趣事

Monty Python 喜剧团有一幕讽刺剧，剧情是辛普森继承了 10 万英里（1 英里 =1.609344 千米）长的绳子，但不幸的是这些绳子都非常短，于是辛普森和广告商讨论如何卖掉这些绳子，剧里面，广告商不断提出各种滑稽的建议（比如用来防洪），但是辛普森却不为所动。

接下来会发生什么？内置函数展示了 Python 强大的内省机制。计算机领域里的内省机制表示程序本身具有可以告诉你程序是什么的能力。从括号你可以分辨出这个 dir() 是一个函数。它接受一个可选参数，变量名之类的，然后输出这个变量的一个目录列表，看起来有些莫名其妙的，对不对？

内置函数 dir() 的输出类似如下的输出：

```
>>> dir(my_message)
['__add__', '__class__', '__contains__', '__delattr__',
'__doc__', '__eq__', '__format__', '__ge__',
'__getattribute__', '__getitem__', '__getnewargs__',
'__getslice__', '__gt__', '__hash__', '__init__', '__le__',
'__len__', '__lt__', '__mod__', '__mul__', '__ne__',
'__new__', '__reduce__', '__reduce_ex__', '__repr__',
'__rmod__', '__rmul__', '__setattr__', '__sizeof__',
'__str__', '__subclasshook__', '_formatter_field_name_split',
'_formatter_parser', 'capitalize', 'center', 'count',
'decode', 'encode', 'endswith', 'expandtabs', 'find',
'format', 'index', 'isalnum', 'isalpha', 'isdigit', 'islower',
'isspace', 'istitle', 'isupper', 'join', 'ljust', 'lower',
'lstrip', 'partition', 'replace', 'rfind', 'rindex', 'rjust',
'rpartition', 'rsplit', 'rstrip', 'split', 'splitlines',
'startswith', 'strip', 'swapcase', 'title', 'translate',
'upper', 'zfill']
```

这些都是和你提供的变量有关的函数名或者变量名。当你输入 my_message = 'Hello World!'，Python 本身做了很多事情，它并不是简单地只存储了 'Hello World!'，而且让变量 my_message 指向这个位置。Python 还做了另外一些事情：

- Python 创建了一个原型数据结构。
- Python 给这个原型赋予了一个名字（my_message）并且给这个变量名赋值 'Hello World!'。
- 完成上述步骤之后，Python 识别这个值为字符串，就会把这个原型数据结构调整为专门用来存储字符串变量的结构。
- Python 查找适用于字符串的函数和常量。
- Python 将这些函数和常量加载到这个原型数据结构中。

仅看这一行代码，有谁会想到 Python 竟然做了这么多工作。变量 my_message 可不仅仅是存储了 'Hello World!'，恰恰相反，my_message 是一个对象。对象就是我之前所说的 Python 创建的那个原型数据结构。这也表明 Python 里面一切皆对象。

对象类型和序号

截至目前我们使用过字符串和列表。其实这都是字符串对象和列表对象的简称。Python 有个内置函数可以表明一个对象的类型。毫无意外的是，这个函数就叫 type()。

```
>>> type('a string object')
<type 'str'>
>>> type([]) # that is, an empty list
<type 'list'>
```

所有的对象都有一个类型。所有的对象也有一个 ID。对象的 ID 表明了 Python 把这个对象存放的内存地址。可以通过内置函数 id() 获取一个对象的 ID 值：

```
>>> id('a string object')
139900104204840
```

对于任何一个对象，它的 type() 输出都是一样的，但是 ID 却常发生变化，原因是每次运行的时候，Python 把这些对象存放到了不同的地址。

每个对象都有不同的函数和常量。每个函数和常量都称为一个属性。那些函数被称为方法。如果一个函数是一个模块的属性，则这个属性被称之为函数（不是模块方法）。

假如你是一个对象（事实上并不是），你就会有一些自己的属性，比如身高、体重。可能也会有类方法，比如清理牙齿、睡觉。这些类方法都是你父母可能要求你去执行的。身高和体重属性保存了你的信息，那些类方法表明你可以做什么。

谨记：Python 里面一切皆对象。

引用对象的属性

既然知道 my_message 对象拥有很多属性，怎么获取到它们呢？例如 dir() 显示 my_message 有一个属性是 upper 方法。答案是参考 random（在第 3 章中已经悄悄地使用到了 random.randint()）。那个例子当中的对象是 random。访问对象的方法是通过一个点来连接对象名和函数名。

查看变量 my_message 的帮助文档。使用类似的方法来调用 my_message 方法：

```
>>> help(my_message.upper) # spot the dot?
Help on built-in function upper:

upper(...)
    S.upper() -> string

    Return a copy of the string S converted to uppercase.
```

这是 upper 的文档字符串。现在你是否能体会到 Python 文档字符串的美妙之处了？你要做的就是给一个变量赋值，然后你就有了一个拥有丰富方法的对象，同时你也不用去查书或者上网搜索这些方法怎么使用。这些方法自己就会告诉你它们的使用方法。

尝试一下这个语句：

```
>>> my_message.upper
<built-in method upper of str object at 0x7f3d0803e260>
```

这是一个函数，没有问题。如果要调用这个函数，需要添加括号：my_message.upper()。本人以为这是一个快速但又不那么优雅地判断一个属性是否是方法的手段。

如果你知道这是一个方法，添加括号就可以调用它。

另外说一句，请注意，上面的输出确认了这是 str 对象一个名为 .upper 的方法，以及这个方法在计算机内存中的具体位置：

```
>>> my_message.upper()
'HELLO WORLD!'
```

upper() 函数基于变量 my_message 的值创建了一个新的字符串 'HELLO WORLD!'。变量 my_message 的数值并没有改变：

```
>>> my_message
'Hello World!'
```

内置函数 dir() 列出了 my_message 的很多属性。其中一些属性的名字以双下划线开头（例如 _ _getslice）。以双下划线开始的方法被称为*私有方法*，其余被称为公有方法。

当你精通 Python 以后就可以使用对象的私有方法来实现一些炫酷的功能（在地址簿项目就会应用一点儿这样的功能）。现在先忽略这些私有方法。先花些时间看看 my_message 的其他属性，从其他的方法获取一些帮助。

通过点运算符来引用对象的属性：object.attribute。object 是对象的名字，attribute 是你要引用的属性的名字。如果要引用的属性是一个方法，要添加上括号来调用这个方法：object.attribute（如果函数需要参数，需要写在这里）。

Dunder

每个人对类似 _ _init_ _ 这样的属性都有不同的叫法。我个人更愿意称它 dunder init（也就是双下划线 init 的简称）。如果你不喜欢这个叫法，可以说下划线 init 下划线下划线、under under init 、或者 double under init 或者 dunder init dunder。

了解列表

你是否注意到 dir（my_message）的输出是被方括号 [] 所围绕的？ 在 'Hello World!' 项目中使用 range 的时候，你就见过它们了。当时我说后面会详细介绍它们的，现在是时候了。

方括号表明这是一个*列表对象*。列表是容器（类似程序设计中的桶）的一种。容器可以按照特定顺序存储其他对象。列表中的对象被称为*元素*。

遍历列表中的所有元素

在第 2 章里，使用内置函数 range() 创建了一个列表，并遍历了列表中的每个元素，代码如下：

```
>>> range(3):
[0,1,2]
>>> for i in range(3):
        print(i)

0
```

```
1
2
```

range（3）的结果就是列表 [0,1,2]，语句 for i in range（3）: 等同于 for i in [0,1,2]:。每次遍历时，列表中的每一个元素都被赋值给变量 i。

数字类型的列表与其他类型的列表并没有什么不同，语句 for i in Y 适用于任何包含了其他对象的对象。例如，内置函数 dir() 输出的结果是一个字符串列表（因为每个元素都被单引号包含了起来）。

下列语句可以将 my_message 的属性一行一行地打印出来：

```
>>> for i in dir(my_message):
        print i


__add__
__class__
__contains__
[...]
```

这个 [...] 并不是实际输出结果，意思是省略了其他的内容，没有全部打印出来。你可以运行程序，自行查看全部的输出内容。相信你现在已经被 Python 强大的能力所折服了。任何类型的列表都可以通过简单的一行语句来遍历。

列表也是可以存在变量中的：

```
    >>> string_object_attributes = dir(my_message)
    >>> string_object_attributes
['__add__', '__class__', '__contains__', '__delattr__',
'__doc__', '__eq__', '__format__', '__ge__',
'__getattribute__', '__getitem__', '__getnewargs__',
'__getslice__', '__gt__', '__hash__', '__init__', '__le__',
'__len__', '__lt__', '__mod__', '__mul__', '__ne__',
'__new__', '__reduce__', '__reduce_ex__', '__repr__',
'__rmod__', '__rmul__', '__setattr__', '__sizeof__',
'__str__', '__subclasshook__', '_formatter_field_name_split',
'_formatter_parser', 'capitalize', 'center', 'count',
'decode', 'encode', 'endswith', 'expandtabs', 'find',
'format', 'index', 'isalnum', 'isalpha', 'isdigit', 'islower',
'isspace', 'istitle', 'isupper', 'join', 'ljust', 'lower',
'lstrip', 'partition', 'replace', 'rfind', 'rindex', 'rjust',
'rpartition', 'rsplit', 'rstrip', 'split', 'splitlines',
'startswith', 'strip', 'swapcase', 'title', 'translate',
'upper', 'zfill']
```

之前我说 Python 里面一切皆对象。内置函数 dir() 也适用于这个列表对象。

```
    >>> dir(string_object_attributes)
['__add__', '__class__', '__contains__', '__delattr__',
```

```
'__delitem__', '__delslice__', '__doc__', '__eq__',
'__format__', '__ge__', '__getattribute__', '__getitem__',
'__getslice__', '__gt__', '__hash__', '__iadd__', '__imul__',
'__init__', '__iter__', '__le__', '__len__', '__lt__',
'__mul__', '__ne__', '__new__', '__reduce__', '__reduce_ex__',
'__repr__', '__reversed__', '__rmul__', '__setattr__',
'__setitem__', '__setslice__', '__sizeof__', '__str__',
'__subclasshook__', 'append', 'count', 'extend', 'index',
'insert', 'pop', 'remove', 'reverse', 'sort']
```

我的目的是想让你注意这两个列表是不同的。因为第一个列表是 my_message 对象的属性（my_message 是一个字符串对象）。第二个列表是 string_object_attributes 的属性。因为它们是不同类型的对象，所以两个列表也是不同的。前一个对象是字符串类型（确切的说是 str 类型），后一个对象是列表。根据之前的介绍，你应该了解了每种类型的差异。现在你只要记住每个对象都是有类型的就好了。

创建自己的列表

你既可以创建一个含有元素的列表（例如买了一个装满了糖果的盒子），也可以创建一个空列表（比如买了一个空盒子）。这要根据你自己的实际需要选择合适的盒子。列表也是可以根据需要添加或者移除元素的。如果想创建一个非空列表，可以这么做：

1. 输入方括号的左部。

2. 添加元素，每个元素用逗号分隔，每个元素可以是字符串、变量或者其他的 Python 对象。

3. 输入方括号的右部。

举个例子，把数字当成糖果，这个列表就是预装糖果的盒子：

```
>>> new_list = [0,1,2]
```

如果你想创建一个空列表而没有元素的时候，忽略上述的步骤 2 即可。代码如下所示：

```
>>> new_list2 = []
```

可通过 append 方法添加新的元素到列表的尾部，所有的列表对象都有 append 方法：

```
>>> new_list2.append('element 0')
>>> new_list2
['element 0']
```

列表中可以存储不同类型的对象，它对你存放什么类型的对象其实并不关心。new_list 列表中有数字元素，现在我们添加一个字符串到列表的尾部：

```
>>> new_list = [0, 1, 2]
>>> new_list.append ("a string")
>>> new_list
[0, 1, 2, 'a string']
```

append 方法会将元素添加到列表的尾部。这个例子展示了把数字对象和字符串对象存放在同一个列表中。甚至你可以把列表追加到自己的尾部，但千万不要这么做！

术语

列表的成员被称为元素或者条目。这些叫法都可以，只不过我习惯用元素来称呼组成列表的成员，用条目来称呼组成一种另外不同的数据结构的成员（我们会在密码项目中遇到它）。

创建列表

如果你想根据已有的列表创建一个新的列表，Python 提供了一个非常方便的方法：*列表推导*。实际上任何迭代器都可支持这个方法，只不过我们现在仅讨论列表而已。

创建列表推导的步骤如下：

1. 输入方括号的左边。
2. 选择一个或者几个哑变量。
3. 创建一个由上述几个变量构建的公式。
4. 在公式后面写上每个哑变量的 for 语句。
5. 输入方括号的右边。

例如你想获取前 10 个偶数（从 0 开始），方法如图 6.1 所示。

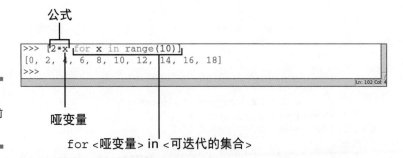

公式

```
>>> [2*x for x in range(10)]
[0, 2, 4, 6, 8, 10, 12, 14, 16, 18]
>>>
```
Ln: 102 Col: 4

哑变量

for <哑变量> in <可迭代的集合>

图 6.1

使用列表推导创建前 10 个偶数列表

Python 对列表推导的处理步骤如下：

☞　创建一个空列表。

☞　遍历由 range（10）创建的列表，将每个元素赋值给哑变量 x。也就是说 x 按照
下列顺序被赋值——0、1、2、3、4、5、6、7、8、9。注意一点，range 方法生成的列表
默认第一个元素是 0。

☞　对每个哑变量 x 的值使用公式（示例中的公式是 2 * x），并将新的元素追加到列
表的尾部。

☞　遍历完 range（10）生成的列表后，就完成了列表推导的创建。

这是创建新列表极其快速和强大的方法。列表推导也支持条件选择功能。例如获取所
有小于 10 的偶数。可以通过在列表推导的尾部添加上条件语句：

```
>>> [x for x in range(10) if x % 2 == 0]
[0,2,4,6,8]
```

这里条件语句 if x % 2 == 0 表明这个数字是偶数。前半部语句是取模运算符，左边
的数字除以右侧的数字就可以得到余数（在之前的猜谜游戏中已经见识过了）。如果这个
数是偶数，除以 2 余数是 0。对于每个偶数 if 判断语句的结果都是 0，所以偶数将被追加
到列表中。至于奇数，判断语句的结果为假，所以都被过滤掉了。

验证元素是否在列表中

判断一个元素是否在列表中的方法非常简单，通过关键字 in 即可：

```
>>> 0 in [0,1]
True
>>> 5 in [0,1]
False
```

元素 0 包含在列表 [0,1] 中而元素 5 是不包含在列表 [0,1] 里的。也可以通过 not 关
键字获得相反的结果：

```
>>> 0 not in [0,1]
False
>>> 5 not in [0,1]
True
```

观察返回值

对列表的方法要多加小心。因为它们可能会改变列表本身。也就是说与 my_message 的 upper 方法不同，upper 方法创建一个新的字符串，而 my_message 本身的值并没有发生变化，但是列表的方法恰恰可能就会改变列表本身的值。

这会导致两种结果。首先列表自身被改变了，其次这个方法没有返回值。如果你将这个函数的返回值赋值给某个变量，那么变量的值就会是 None。然而你可能预期是得到一个列表的。我已经不止一次地碰到这种情况了。我们以 reverse 方法为例：

```
>>> a_list = range(10)
>>> a_list
[0, 1, 2, 3, 4, 5, 6, 7, 8, 9]
>>> reversed_list = a_list.reverse()
>>> # reverse 方法并没有返回值
>>> print(reversed_list)
None
>>> a_list # 列表本身已经发生了改变
[9, 8, 7, 6, 5, 4, 3, 2, 1, 0]
```

正常情况下你的预期是函数返回你想要的数值。你预期 reversed_list 存储了反转后的列表，而实际情况却不是这样。

设计自己的精英黑客对讲机

你的 1337 Sp34k3r 程序需要做下列几件事：

1. 从用户那里获取到信息（这可以通过 raw_input 方法实现）。

2. 遍历消息中的每个字符，如果某个字符可以被替换，完成替换操作。

3. 创建出一个新的消息并打印出来。

创建文件

现在是搭建程序架构的时候，后面慢慢地再完善它。

1. 创建文件来保存你的代码，并给文件命名为 1337.py，注意文件的后缀名为 .py。提醒一下，第 4 章里面介绍了如何创建文件的方法。

2. 在文件的头部写上文档字符串，说明一下这个文件要实现的功能，这就会创建一个模块文档字符串。

3. 创建常量 TEST_MESSAGE 并且给它赋值一个要测试的消息字符串。

4. 创建常量 TEST_SUBSTITUTIONS，给它赋值测试替换的字符，确认这个替换列表包含了一个元素 ['e', '3']。

注意，这是小技巧。

这是我想到的程序代码：

```
""" 1337.py
Given a message, convert it into 1337 sp34k
Brendan Scott
January 2015 """

TEST_MESSAGE = "Hello World!"
TEST_SUBSTITUTIONS = [['e','3']]
```

还记不记得测试用的替换列表要用双方括号包含起来？我说列表 ['e', '3'] 是一个元素的时候可是认真的，想用列表作为元素创建新的列表，要用双方括号包含起来 :[['e', '3']]。这个程序现在并没有做什么事，但我们接下来做一些改变。

创建函数

接下来我们编写一个桩函数来表示将信息转换为 1337 的函数。

1. 使用块注释符（#）标记这是一个函数块。

2. 为函数想一个名字，在新函数代码块中创建一个桩函数。

3. 为这个函数需要用的两个参数想两个名字，一个参数接收需要编码的消息，另外一个参数需要接收要替换的列表。

4. 为函数编写文档字符串，说明这个函数的功能。

5. 使用块注释符标记代码中的测试代码段。

6. 在测试代码段中加上调用函数，这个函数使用你刚创建的测试变量。将函数的返回值赋值给一个变量。

7. 打印这个变量。

编写的代码如下：

```
#### Functions Section
def encode_message(message, substitutions):
    """Take a string message and apply each of the substitutions
    provided. Substitutions should be a list, the elements of
    substitutions need to be lists of length 2 of the form
    (old_string, new_string) """

#### Testing Section
converted_text = encode_message(TEST_MESSAGE,TEST_SUBSTITUTIONS)
print(converted_text)
```

运行代码

保存文件并执行代码:按 F5 键或者在菜单栏依次选择 Run → Run Module。现在碰到什么问题没有？如果没有的话，交互命令行里应该会有如下的输出：

```
>>> ==================== RESTART
====================
>>>
None
```

什么都没有是不是？这是因为 encode_message 函数没有使用 return 关键字返回值。赋值给变量 converted_text 的值是 None，这就说得通了。这个 encode_message() 函数创建了最基本的程序流程。

本来可以让这个桩函数返回它所接受的参数（但这样可能不太好，因为这不能标记出函数没有进行替换的情况）。或者让这个桩函数返回一个调试信息，比如 "Function not implemented yet!" 抑或是返回 None。我倾向于在桩阶段函数不返回值。我觉得这样做起来简单一些，当然了，有时这也要看情况而定。

替换

接下来的任务是编写 encode_message() 函数，实现替换字符的功能。要想达到用特定的字符来改变字符串的目的，比如将字符串 speak 改变为 sp34k。碰巧的是字符串（str 对象）有一个属性方法 replace。我们通过查看这个属性方法的文档字符串确定它实现了什么功能：

```
>>> my_message = 'Hello World!'
>>> help(my_message.replace)
Help on built-in function replace:

replace(...)
    S.replace(old, new[, count]) -> string

    Return a copy of string S with all occurrences of substring
    old replaced by new. If the optional argument count is
    given, only the first count occurrences are replaced.
```

使用之前的 my_message 作为测试数据。根据文档的前两行说明，如果要使用这个方法，需要两个字符串变量，分别命名为 old 和 new，作为参数传递给属性方法：

```
>>> my_message = 'Hello World!'
>>> old = 'e'
>>> new = '3' # remember the quotes
>>> new_string = my_message.replace(old,new)
>>> new_string
'H3llo World!'
```

这样新的字符串 Hello World! 就创建好了。字符串（实际上是新创建的）中的字符 e 被替换成了 3（存放到变量 new_string 中）。原始变量 my_message 中的值并没有发生变化，确保变量 old 和 new 都是字符串类型很关键，但是不一定要用不同的变量来存储它们，直接使用字符串也是可行的：

```
>>> new_string = my_message.replace('e','3')
>>> new_string
'H3llo World!'
```

但这并不是说你根据方法文档说明所创建的变量是没有用的。之所以这么做，是为了让后面的逻辑更清晰。

替换一个字母

在函数中填入替换的代码，函数需要实现下列步骤：

1. 遍历给定的每个替换字符。

因为函数接收的参数是一个要替换字符的列表，需要遍历这个列表中每一个元素。我们之前只是验证了替换一个字符的情况。然而写代码的时候，要考虑到通用的情况。

```
for s in substitutions:
```

2. 拆解每个要替换的字符。

要替换的字符集是一个由两个字符串组成的列表，我们需要将这个列表拆解，将这两个元素存放到变量中，以便 replace 方法调用。

```
old = s[0]
new = s[1]
```

3. 消息变量使用 replace 方法实现替换。

```
converted = message.replace(old,new)
```

4. 返回编码后的消息。

```
return converted
```

下面是完整的代码：

```
""" 1337.py
Given a message, convert it into 1337 sp34k
Brendan Scott
January 2015 """

TEST_MESSAGE = "Hello World!"
```

```
TEST_SUBSTITUTIONS = [['e','3']]

#### Function Section
def encode_message(message, substitutions):
    """Take a string message and apply each of the substitutions
    provided. Substitutions should be a list, the elements of
    substitutions need to be lists of length 2 of the form
    (old_string, new_string) """
    for s in substitutions:
        old = s[0]
        new = s[1]
        converted = message.replace(old,new)

    return converted

#### Testing Section
converted_text = encode_message(TEST_MESSAGE,TEST_SUBSTITUTIONS)
print(TEST_MESSAGE)
print(converted_text)
```

执行代码，结果如下所示：

```
>>> ================================= RESTART
================================
>>>
Hello World!
H3llo World!
```

结果看起来正常，但是代码中存在一个逻辑错误。针对给定的测试数据，代码可以正常工作，但是不适用于通用的情况。思考一下问题的原因是什么。你应该怎么去解决它。答案稍后就会公布。

程序中的逻辑错误很难定位。因为代码语法本身没有问题，Python 解释器发现不了逻辑错误。程序只不过是没有按照你的预期运行。原因主要是理解错了程序流程或者某个变量值赋值错误。

自己写的代码自己是最了解的了。每个人都认为自己了解代码实现了什么功能。把你的程序说出来吧（说给你的金鱼或者其他小宠物，抑或是气球上的照片听，或对着白墙讲）。这么做会帮助你摆脱思维定势。如果可以的话，和小伙伴一起阅读本书，互相讨论遇到的问题。

让用户输入消息

我们之前已经掌握了如何从用户那里获得输入信息，并且在第3章里面已经实践过了。

1. 使用 raw_input 从用户那里获取一段文本消息。

2. 将用户的输入赋值给一个变量。

3. 将这个变量传递给 encode_message() 函数。

4. 打印出要编码的消息。

5. 打印出编码后的消息。

```
""" 1337.py
Given a message, convert it into 1337 sp34k
Brendan Scott
January 2015 """

TEST_MESSAGE = "Hello World!"
TEST_SUBSTITUTIONS = [['e','3']]
#### Function Section
def encode_message(message, substitutions):
    for s in substitutions:
    """Take a string message and apply each of the substitutions
    provided. Substitutions should be a list, the elements of
    substitutions need to be lists of length 2 of the form
    (old_string, new_string) """
        old = s[0]
        new = s[1]
        converted = message.replace(old,new)
    return converted

#### Testing Section
message = raw_input("Type the message to be encoded here:")
converted_text = encode_message(message,TEST_SUBSTITUTIONS)
print(message)
print(converted_text)
```

记得最后打印变量 message 的值，而不是 TEST_MESSAGE。

运行程序，查看输出是否符合我们预期。可以输入任何信息，但要确保输入的内容里面至少要包含一个字符 e，否则将不会发生替换操作。

```
>>> ================================= RESTART
=================================
>>>
Type the message to be encoded here: Python is awesome
Python is awesome
Python is aw3som3
```

定义字符替换

你需要更多的替换，实话跟你说吧，按照我的观点来看，这才是精英对讲机的精髓。不过你可以在项目里自由发挥。

字　　母	用……替换
a	4
e	3
l	1
o	0
t	7

将这些替换组合编码成一个列表，但是要注意它们的排列顺序，例如列表 ['a', '4'] 第一个元素表示要被替换的字符，第二个元素表示了用来替换的字符。这个列表不能写成 [a, 4]，否则 Python 将会认为 a 是一个变量而不是字符串。

上述字符串编码后如下：

['a','4'], ['e','3'], ['l','1'], ['o','0'], ['t','7']

将上述编码用方括号包围起来就创建好了替换列表。下面的代码展示了如何打印出列表中的每一个元素：

```
>>> substitutions = [['a','4'], ['e','3'], ['l','1'], ['o','0'],
                     ['t','7']]
>>> for s in substitutions:
        print s

['a', '4']
['e', '3']
['l', '1']
['o', '0']
['t', '7']
```

这里我使用了之前提到的方法打印出名为 substitutions 列表中的每一个元素，现在我们总结一下：

- ✔ 这个列表里面共有 5 个元素。
- ✔ 每个元素本身也是一个列表，这个列表都仅由两个元素组成。
- ✔ 这两个元素都是字符串，并且每个字符串仅由一个字符组成。

之前我将只有一个替换元素的列表赋值给一个名为 substitutions 的变量。现在你明白这么做的原因了吗？现在发现这么做的简便之处了吧。我们就不用关心替换列表中有多少个元素了。例如 for 循环，无论列表中是 1 个元素还是 5 个元素，语句 for s in substitutions: 都是可以正常工作的。

程序代码中只有一个替换元素用来测试，如果这个程序能正确执行这个替换，那么就可以改变代码来处理更多的替换情况。

写出这么多代码感觉非常鼓舞人心啊，但这些代码不可避免包含了错误，除非你是神仙，如果没有测试的话，代码写得越多，就越难发现错误。将代码分解成模块，分别验证每个模块都可以正常地工作，然后将模块组合成新的模块，继续测试这个新的模块。

替换所有字符串

当一切运转正常，代码看起来已经可以正确地处理字符串替换了，接下来我们替换之前列出的替换字符串集合。

1. 声明一个常量 SUBSTITUTIONS，把前面创建好的替换集合赋值给它。

2. 将常量 SUBSTITUTIONS 传递给编码函数。

3. 删除测试变量。

但也可以留下这些测试变量用于后面做测试。

```
""" 1337.py
Given a message, convert it into 1337 sp34k
Brendan Scott
January 2015 """

TEST_MESSAGE = "Hello World!"
##TEST_SUBSTITUTIONS = [['e','3']]
SUBSTITUTIONS = [['a', '4'], ['e', '3'], ['l', '1'], ['o', '0'],
                 ['t', '7']]

#### Function Section
def encode_message(message, substitutions):
    """Take a string message and apply each of the substitutions
    provided. Substitutions should be a list, the elements of
    substitutions need to be lists of length 2 of the form
    (old_string, new_string) """
    for s in substitutions:
        old = s[0]
        new = s[1]
        converted = message.replace(old,new)
    return converted


#### Testing Section
message = raw_input("Type the message to be encoded here:")
converted_text = encode_message(message,SUBSTITUTIONS)
print(message)
print(converted_text)
```

这段示例代码之后将会用于 IDLE 调试器，现在代码写完了，你可以骄傲地运行你的 1337 对讲机了。

```
>> ================================ RESTART
================================
>>>
Type the message to be encoded here: Python is awesome
Python is awesome
Py7hon is awesome
```

天呐，结果并不是我们期盼的。字符 o 应该被替换成 0，字符 e 应该被替换为 3，等等，只有一个替换成功了，字符 t 被替换成了 7，事实是程序出现逻辑错误了。为什么仅有一个字符被成功替换了？

使用 print 调试代码

这多亏一位名叫 Grace Hopper 的女士，消除代码中错误的过程被称为*调试*。调试也是一种技能，调试得越多，调试的能力就越强。

试试下面的方法来调试这段代码：

- ✏ 添加打印语句打印相关数据，相关数据会随着程序的运行相应地改变，在程序发生错误时，在操作数据之前的地方添加打印语句。
- ✏ 添加打印语句来追踪代码执行的进度，例如在函数的开头和结束位置添加 print（"I've just entered function X"）或者 print（"Leaving function X"）。这会帮你理顺程序运行流程。
- ✏ 改变 SUBSTITUTIONS 常量。弄清楚是什么在影响替换的结果。
- ✏ 注意，报出错误的代码可不一定就是出现错误的代码的位置。回溯代码执行的过程，查清程序是怎样运行到出错代码的位置的，然后在这里查清错误原因。

这些都是可供你调试使用的方法：

1. 在程序中添加若干条打印语句。

2. 确保每个打印语句要么打印一个变量，要么打印程序执行到的位置，例如 print（"Leaving encode_message"）。

3. 运行程序，观察程序运行的输出内容。

Python 日志

对于大的项目，使用日志模块非常有必要。日志模块可以将你所有的信息都写入到一个文件当中，方便日后查看。文件记录的内容也非常详细，例如消息打印的时间以及记录日志的代码行号。这些信息非常有用，这都是使用打印语句所不具有的优点。

我将代码完善如下，注释记录了我改动的地方：

```python
""" 1337.py
Given a message, convert it into 1337 sp34k
Brendan Scott
January 2015 """
TEST_MESSAGE = "Hello World!"
##TEST_SUBSTITUTIONS = [['e','3']]
SUBSTITUTIONS = [['a', '4'], ['e', '3'], ['l', '1'], ['o', '0'],
                 ['t', '7']]

#### Function Section
def encode_message(message, substitutions):
    """Take a string message and apply each of the substitutions
    provided. Substitutions should be a list, the elements of
    substitutions need to be lists of length 2 of the form
    (old_string, new_string) """
        for s in substitutions:
        old = s[0]
        new = s[1]
        converted = message.replace(old,new)
        print("converted text = "+converted) # Added
print("Leaving encode_message") # Added

return converted
#### Testing Section
message = raw_input("Type the message to be encoded here:")
converted_text = encode_message(message, SUBSTITUTIONS)
print("started with "+message) # Changed
print("Converted to "+converted_text) # Changed
```

我在这段代码中添加了两条打印语句。第一条打印了每次替换后的字符串的值（检查一下不同打印语句的缩进）。要知道缩进决定了这条语句是在这段代码段范围之内还是之外。第二条打印语句是 print（"Leaving encode_message"），它表明了程序是在哪个位置离开了函数。

执行这段代码，会得到如下的输出信息：

```
>>> ================================ RESTART
================================
>>>
```

```
Type the message to be encoded here: Python is awesome
converted text = Python is 4wesome
converted text = Python is aw3som3
converted text = Python is awesome
converted text = Pyth0n is awes0me
converted text = Py7hon is awesome
Leaving encode_message
started with Python is awesome
Converted to Py7hon is awesome
```

我之前猜测只有最后一个替换是生效的，因为它在之前的打印语句中出现了。事实是我错了。输出表明每次替换都是正确的，但是每次替换都是基于原始的字符串，并不是增量替换的，也就是说每次替换操作不是基于前一次替换后的字符串来替换。

这是一类常见的逻辑错误。每次替换都是基于原始字符串，而不是基于上次替换后的字符串。可以说基本上前功尽弃了。

函数 encode_message() 放弃使用另外的变量 converted 就可以解决这个问题。我们将替换后的字符串赋值给变量 message。但是不要忘记将打印语句的参数 converted 替换为 message 变量。另外函数返回的变量也将从 converted 改成 message。修改完毕运行代码，赞！程序结果完全符合预期，但也不要太高兴了。

修改后的代码如下：

```
""" 1337.py
Given a message, convert it into 1337 sp34k
Brendan Scott
January 2015 """

TEST_MESSAGE = "Hello World!"
##TEST_SUBSTITUTIONS = [['e','3']]
SUBSTITUTIONS = [['a','4'], ['e','3'], ['l','1'], ['o','0'],
                ['t','7']]

#### Function Section
def encode_message(message, substitutions):
    """Take a string message and apply each of the substitutions
    provided.Substitutions should be a list, the elements of
substitutions need to be lists of length 2 of the form (old_string, new_
string) """
    for s in substitutions:
        old = s[0]
        new = s[1]
        message = message.replace(old,new) # Changed
        print("converted text = "+message)
    print("Leaving encode_message") # Changed
```

```
    return message # Changed

#### Testing Section
message = raw_input("Type the message to be encoded here: ")
converted_text = encode_message(message, SUBSTITUTIONS)
print("started with "+message)
print("Converted to "+converted_text)
```

运行程序输出结果如下：

```
>>> ================================== RESTART
==============================
>>>
Type the message to be encoded here: Python is awesome
converted text = Python is 4wesome
converted text = Python is 4w3som3
converted text = Python is 4w3som3
converted text = Pyth0n is 4w3s0m3
converted text = Py7h0n is 4w3s0m3
Leaving encode_message
started with Python is awesome
Converted to Py7h0n is 4w3s0m3
```

现在可以移除代码中用于调试的代码语句了。要么将它们删除，要么在语句的最前部加个 # 注释掉这行语句。

注意：# 会注释掉整行的代码。

使用 IDLE 的调试器

IDLE 集成了一个调试器。它可以在指定位置停止代码的运行（称为*断点*），也可以单步执行到指定位置。调试器也能将变量的值展示出来。关于调试器的详细介绍超出了本书的范围，如果有兴趣，可以之后深入了解一下。

对于苹果计算机用户来说，IDLE 调试器有可能不能正常使用。这取决于你使用的 Mac 系统，以及系统加载的 Python 的版本。类似月亮盈缺，调试器的正常使用时而可行，时而不可行。尝试使用 Cmd 而不是右击鼠标，如果解释器没有响应，那不得不暂时忽略这个步骤。

1. 回到程序里，找到 "Apply All the Substitutions" 这一步末尾的代码。

2. 在 IDLE 新建一个文件，把这个复制进去。

3. 将这个新文件保存为 idel_debugger.py。

4. 在 IDLE 命令行窗口选择 Debug 和 Debugger。这就会打开调试控制窗口。如图 6.2 所示。

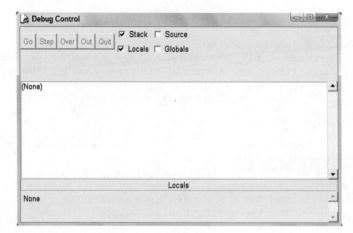

图6.2

IDLE 的调试控制窗口
看起来是这个样子

5. 回到 IDLE 编辑窗口。右键单击选择第 18 行代码，选择设置断点。

对于 Mac 系统用户，试试按住 Cmd 单击，就能知道调试器是否可以正常工作。

代码的行号在图 6.3 的右下角位置显示。当设置断点之后，改行代码就会高亮强调变
为黄色。

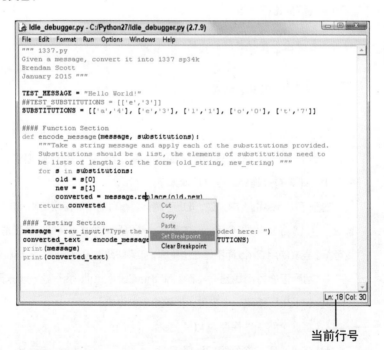

图6.3

在菜单里设置断点

当前行号

6. 设置断点之后，像往常一样运行程序。

和之前不同的是，程序并没有执行完毕，IDLE 启动文件之后，就将控制权交给了调试控制窗口。在此之前这个窗口是单调置灰的，但现在被激活了。看起来有些乏味，如图 6.4 所示。

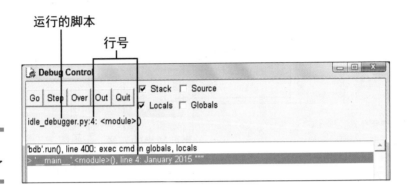

图 6.4
调试控制窗口被激活了

调试控制窗口展示了以下一些信息：

- 现在代码正在执行程序 idle_debugger.py 的第 4 行。
- 要执行的代码是以 January 2015""" 结尾的（如果代码足够短，你就能看到这行全部的代码内容）。
- 局部变量的值（指的是当前窗口的局部区域）。

7. 单击调试控制窗口左上角的 Go 按钮。

代码 raw_input 需要你在解释器运行窗口输入信息。Go 按钮指示 Python 运行代码，直到遇见设置好的断点位置。现在还没有运行到断点位置。程序运行到代码 raw_input 所在位置，程序继续运行需要用户输入一些消息。

8. 回到解释器运行窗口，根据提示输入 Python is awesome。然后按回车键。图 6.5 展示了执行结果。

现在调试控制窗口发生了一些变化。

- 现在执行第 18 行代码，该行代码在函数 encode_message() 里面。
- 函数 encode_message() 内部使用到的变量的值，都展示在了调试控制窗口的局部变量区域。本次替换的组合是 ['a', '4']。变量 new 的值是 '4'，变量 old 的值是 'a'。

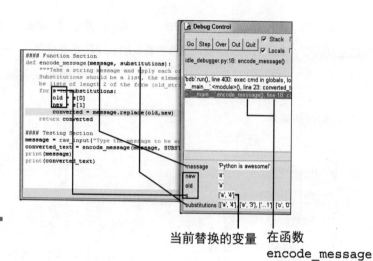

图 6.5

按回车键后的现象

当前替换的变量　在函数
encode_message
的第18行

9. 继续单击按钮 Go。

代码继续运行，直到遇见断点的位置。因为这个断点设置在循环的内部。下次循环迭代到这个位置就会停止运行。在局部变量区域你会发现多了一个新的变量 converted。与此同时，变量 message 的值也没有发生变化。

单击 Go 按钮，代码又会执行同样的步骤。局部变量 message 的值没有发生变化，虽然 converted 的值发生了变化（字符 e 被替换了），前一次传递的 a 被替换为了 4，但是这次又被改了回去。现在你可能会恍然大悟（弄清楚原因），原来是没有更新 message 变量（之前添加了打印语句，你应该会注意到它们的值一直没有发生改变）。

你不妨单击一下其他的按钮，看看它们的功能是什么。

小贴士大用途

去除断点的方法是选中断点所在行右击（苹果用户试试按住 Cmd 键单击鼠标），单击清除断点。关闭调试器的方法是在解释器窗口，依次选择菜单选项 Debug → Debugger。

总结

本章我们深入学习了对象、列表和调试技术。

✔ 了解到 Python 里面一切皆为对象以及对象有不同的类型。

✔ 了解到每个对象都有一个唯一的 ID，这个 ID 记录这个对象在计算机内存的位置。

✔ 对象是有属性的，其中一些属性类似变量或者常量，另外一些像函数（这样的属性被称为方法）。

✔ 引用对象 object_name 的 attribute_name 属性的方法是使用语法 object_name.attribute_name，如果引用的是一个方法名需要添加上括号和参数：object_name.method_name（argument_name）。

✔ 了解到某些列表的方法会就地改变列表的值，要注意这些方法的返回值是 None。

✔ 创建了新的数据类型列表，并且知道了列表由元素组成。

✔ 使用带条件的列表推导创建了新的列表。

✔ 使用关键字 in 判断某个值是否是某个列表的元素。如果想判断这个值不是列表中的元素，使用 not in（这两个都是关键字）。

✔ 应用了字符串对象的 replace 方法。

✔ 使用打印语句和 IDLE 的调试器调试代码。

✔ 使用 IDLE 的调试器在代码里设置断点。

✔ 代码运行时查看局部变量的值。

第7章
加　　密

　　第 6 章 1337 Sp34k3r 中用到的主要代码也会在这个项目中得到优化。在本章里，你将使用 Python 和一个名为 Caesar Cipher 的工具加密或者解密消息内容。

D	E	F	...	X	Y	Z	A	B	C
↓	↓	↓							
A	B	C	...	U	V	W	X	Y	Z

　　Julius Caesar 是一个罗马将军。Cipher（加密解密器）是间谍用来制作或者破译密码的工具。Cipher 是一个过程或者一台设备，它能将可读文本（称之为*原文本*）转化为不可读的文本（称之为*加密文本*）。Caesar 加密消息的方式是将文本中的每一个字母按照字母表向前顺移。比如说：字母 d，加密后将会被替换为字母 a；字母 e，加密后将会被替换为字母 b 等。

可打印的字符

　　如何得到可打印的字符？标准库中的 string 模块中有一个属性，它包含所有可打印的字符列表。

```
>>> import string
>>> string.printable
'0123456789abcdefghijklmnopqrstuv
wxyzABCDEFGHIJKLMNOPQRSTUVWXYZ
!"#$%&\'()*+,-./:;<=>?@[\\]^_`{|}~
\t\n\r\x0b\x0c'
```

　　在这个列表中，除了最后的几个字符，其他的字符都很好理解，这些转义字符都是什么意思？

　　对于这些字符，你需要知道：

```
\\ 斜杠 \
\t tab
```

```
\n 新行
\r 回车
```

　　这里的斜杠是*转义码*。当 Python 看到一个斜杠的时候，它会查看斜杠的下一个字符，然后根据下一个字符显示正确的字符。当它碰到一个 \n 的时候，Python 并不会打印 \ 或者 n，而是会打印一个新行。输入下面的代码看看会显示什么：

```
>>> print("1\t2")
1       2
>>> print("1\n2")
1
2
```

在本章中，你将要完成以下几件事：

- 获取一个原文本信息。
- 加密这段信息。
- 显示加密后的文本。
- 将加密后的文本解密为原文本信息。
- 显示原文本。

你的密码器将会处理字母的大小写问题，还有标点符号和数字。Caesar 面对的问题更简单，它不用担心标点符号和字母大小写的问题。

删掉那些没用的字符

以 \t 开头的字符都不需要加密。比如说，原文本中有一个新行，那么在加密后的文本中可能还是想保持这个新行，而不是将它转化为一个字符。同理，如果加密后的文本中包含一个新行，它也不会对原文本的语义有什么影响。string.printable 中的字符除了最后几个带转义字符斜杠的外，别的都需要加密解密。

如何创建一个不包含转义字符的字符串？Python 有一个操作符 [:]（方括号中间带个冒号），它能对字符串或者列表执行切片操作。

下面是一个例子：

```
>>> test_string = '0123456789'
>>> test_string[0:1]
'0'
>>> test_string[1:3]
'12'
>>> # range(10) is a list of the numbers from 0 to 9 inclusive
>>> range(10)[0:1]
[0]
>>> range(10)[1:3]
[1, 2]
>>> test_string[:3]
'012'
>>> test_string[3:]
'3456789'
```

切片操作符使用 string_name[a:b] 的形式（string_name 需要替换为实际上想要执行切片操作的变量名）。a 是切片开始的索引（这个数字用来显示字符串切片开始的位置），b 是切片操作结束的位置。在字符串 '0123456789' 中，每个字符都有一个索引。符

号 '0' 的索引是 0，符号 '3' 的索引是 3，依此类推。在字符串 'Hello' 中，字母 'H' 的索引是 0，'e' 的索引是 1，依此类推。

你将会得到从索引 a 开始到索引 b 之间的字符串，但是这个字符串并不包含索引 b 所指向的字符。听上去可能会让人有些困惑，这是因为字符索引的开始是 0。还有一点需要强调，字符 a 和 b 都可以是负值，负值表示从字符串的末尾开始向前索引：

```
>>> # everything up to, but not including, the last character
>>> test_string[:-1]
'012345678'
>>> test_string[-1:] # everything *from* the last character
'9'
```

获取不包含后面奇怪字符的可打印字符的方法相当简单，只需要对字符串执行切片操作，获取从字符串的开始到字符串倒数第 6 个字符之间所有的字符。下面的代码会删除倒数 5 个字符，然后将剩余的字符保存到变量 char_set 中，这个变量中的字符将会用来编码：

```
>>> char_set = string.printable[:-5]
>>> char_set
'0123456789abcdefghijklmnopqrstuvwxyzABCDEFGHIJKLMNOPQRSTUVWXYZ
!"#$%&\'()*+,-./:;<=>?@[\\]^_`{|}~ '
```

这就是你将会用来编码的字符列表。

你可以像对字符串执行切片操作一样，也对列表执行相同的操作，不同的是，操作列表时，切片的对象是元素，而字符串的操作对象是字符。

制作一张替换表

你是否给朋友发送过一段加密信息？你是否曾经发送过一段文本，而你的父母认为是一段代码？（老实说，他们不使用 brb 或者 ttyl，对不对？）

将原文本信息中的每一个字符转换为另外一个字符。Caesar 的密码器会用字母 a 替换字母 d。也就是说，将字母表左移 3 位。我们如何做到这一点？

图 7.1 显示了字符变换的方式。Caesar 需要遍历消息中的所有字符，在上一行中找到每个字符，然后在纸上写上下一行对应的字符，将写好的纸给它的信使。如果原文本中的单词是 BAD，那么加密后的单词是 YXA。

在本例中，只需要顺移 3 位，将 char_set 中的前 3 个字符移除，然后添加到 char_set 的末尾。如果你想要使用不同的顺移位数加密，那么就选择一个不同的数字。

图 7.1

这就是 Caesar 使用的
简单加密器

D	E	F	...	X	Y	Z	A	B	C
A	B	C	...	U	V	W	X	Y	Z

下面的代码从基础字符集中创建了替换字符，然后将它们打印出来，最后结果看起来

如下：

```
>>> substitution_chars = char_set[-3:]+char_set[:-3]
>>> substitution_chars
'}~ 0123456789abcdefghijklmnopqrstuvwxyzABCDEFGHIJKLMNOPQRSTUVWXYZ
!"#$%&\'()*+,-./:;<=>?@[\\]^_`{|'
```

这样你就获得了属于你的加密代码。第一行显示原文本中显示的字符，下一行显示原

文本加密后对应的字符（这里仅仅显示前 62 个字符）。

```
>>> print(char_set[:62]+'\n'+substitution_chars[:62])
0123456789abcdefghijklmnopqrstuvwxyzABCDEFGHIJKLMNOPQRSTUVWXYZ
}~ 0123456789abcdefghijklmnopqrstuvwxyzABCDEFGHIJKLMNOPQRSTUVW
```

如果想要看到完整列表，只需要打开 IDLE Shell 窗口，然后输入：

```
print(char_set+'\n'+substitution_chars)
```

创建你自己的加密器

现在开始做一些基本的工作：

1. 创建一个名为 cryptopy.py 的文件。

2. 在文件的顶部写上注释。

3. 创建一个 Imports 代码段，导入 string 模块。

```
#### Imports Section
import string
```

4. 创建一个 Constants 代码段，使用代码创建 char_set 和 substitution_chars。

不过要将它们的名字改为大写（ALLCAPS）（因为它们应该是静态值）。

```
#### Constants Section
CHAR_SET = string.printable[:-5]
SUBSTITUTION_CHARS = CHAR_SET[-3:]+CHAR_SET[:-3]
```

5. 创建一个名为 TEST_MESSAGE 的静态变量，将测试信息存在其中。你将使用

它来测试。

```
TEST_MESSAGE = "I like Monty Python. They are very funny."
```

6. 创建一个 Functions 代码段，添加一个名为 encrypt_msg 的代码，它带有一个参数，参数就是要被加密的文本。

第5章阐述了如何创建一个函数，如果忘记了如何创建一个函数可以返回去看一下。

```
#### Function Section
def encrypt_msg(plaintext):
    """Take a plaintext message and encrypt each character using
    a Caesar cipher (d->a). Return the cipher text"""

    return plaintext # no encrypting atm
```

7. 创建一个 Testing 代码段，调用 encrypt_msg() 函数并将 TEST_MESSAGE 静态变量作为参数传入。

```
#### Testing Section
ciphertext = encrypt_msg(TEST_MESSAGE)
```

现在你将得到如下所示的代码：

```
"""Cryptopy
Take a plaintext message and encrypt it using a Caesar cipher
Brendan Scott, 2015
"""

#### Imports Section
import string

#### Constants Section
CHAR_SET = string.printable[:-5]
SUBSTITUTION_CHARS = CHAR_SET[-3:]+CHAR_SET[:-3]

TEST_MESSAGE = "I like Monty Python. They are very funny."

#### Function Section
def encrypt_msg(plaintext):
    """Take a plaintext message and encrypt each character using
    a Caesar cipher (d->a). Return the cipher text"""
    return plaintext # no encrypting atm


#### Testing Section
ciphertext = encrypt_msg(TEST_MESSAGE)
print(TEST_MESSAGE) # for comparison while testing
print(ciphertext)
```

运行这段代码看看是否有错误。如果出现了错误，请确保你的代码与上面的代码一样。同时，也可以尝试使用第 6 章中介绍的调试方法。

使用字典

在第 6 章 1337 Sp34k3r 中你已经使用了 replace 方法。在本例中，不再使用 replace 方法，因为：

- ✔ 在这里使用 replace 是一个相当 ad hoc（短视）的解决方案。在第 6 章 1337 Sp34k3r 中仅有少量字符需要更改。但是在本例中，需要替换每一个字符。我们的目标是编写优雅的代码。对，你没看错——优雅。

- ✔ 使用 replace 的解决方案很难广泛使用。比如说，如果你想要使用不同的加密转换方式，例如 c->a，那么你需要重新写加密函数和解密函数。所以忘了这种做法吧。

我们需要一种数据类型，如果传入一个字符 d，就会返回一个字符 a。Python 恰好有这样的数据类型——*字典*。在这个例子中，d 是*键*，a 是*值*。

使用花括号 {} 就可以创建一个字典。下面是一个例子，它的键是 'd'，值为 'a'。在这个例子中，字典在右侧（{'d'='a'}），变量的名字（my_dictionary）在左侧。字典的名字可以是 Python 允许的任何变量名。

```
>>> my_dictionary={'d':'a'}
>>> my_dictionary['d']
'a'
```

在字典中查找一个值，只需要将对应的键放在方括号中。在这段代码中，键是 'd'。想要获得字典中的值 'a'，需要输入 my_dictionary['d']。如果你在方括号中输入一个字典的值，就会报错（除非恰巧有一个键与你输入的值相同）。在这个例子中，my_dictionary 有一项:{'d':'a'}。这一项的键是 'd'，值为 'a'。输入 my_dictionary['d'] 就会得到值 'a'。

描述列表中的内容时，我使用的是元素；描述字典中的内容时，使用的是条目。元素仅包含一部分（值），但是条目通常包含两部分:键和值。

Python 中的字典有它自己的方法。（之前我是否告诉过你 Python 中的所有内容都是对象？）这些方法包含 items、keys 以及 values，当你调用这些方法的时候，就会返回字典对应的信息。比如说，想要获得 my_dictionary 中所有的条目，只需要输入 my_ dictionary.items()。现在在 my_dictionary 上调用这些方法，确保理解这些方法对应的输出。

我们可以在使用花括号创建字典的同时，在花括号中添加一些条目，但是请确保每个条目之间用分号隔开。每个条目需要具备这种形式——<key>:<value>。

值可以是任何类型，但是键只能是字符串或者数字（也可以使用其他类型，但是现在严格限制为字符串和数字）。

下面代码中的注释会告诉你每一段代码的意思：

```
>>> # an empty dictionary
>>> my_empty_dictionary = {}
>>> # earlier example, dictionary with one item
>>> my_dictionary={'d':'a'}
>>> # dictionary with two items separated by a comma
>>> my_dictionary={'d':'a', 'e':'b'}
```

如果想要使用一个不存在的键获取字典中的对应值，代码就会报错：

```
>>> my_dictionary['f']

Traceback (most recent call last):
  File "<pyshell#45>", line 1, in <module>
    my_dictionary['f']
KeyError: 'f'
```

创建字典后，你可以增加或者更改字典中的值，只需要将值赋给对应的键——既可以是已经存在的键（更改与它相关联的值），也可以是一个新键（创建一个新条目）。当你使用字典的时候，通常并不是使用字符串赋值。相反，通常你会在另外一个地方获取数据，然后将它存储在哑变量中，然后使用这些哑变量赋值。使用哑变量 k 可以很轻松地引用键，使用哑变量 v 可以获取键对应的值。

下面是一个例子：

```
>>> k = 'f'
>>> v = 'c'
>>> my_dictionary[k]=v # create a new item in the existing dictionary
>>> my_dictionary
{'e': 'b', 'd': 'a', 'f': 'c'}
```

创建一个加密字典

是时候体验一下字典的威力了（这都已经写了 9000 字了）。现在，你将要创建一个字典，CHAR_SET 中的每一个字符都是字典中的键，它对应的值就是这个键要转化为的字符。

为了能够成功创建加密字典，你需要了解内置的枚举方法。如果你有一个列表，那么枚举会根据列表值创建一个新的以数字为索引的对象。

因为你可以将字符串视为一个列表，比如说当你使用 enumerate ("Hello") 的时候：

```
>>> [x for x in enumerate("Hello")]
[(0, 'H'), (1, 'e'), (2, 'l'), (3, 'l'), (4, 'o')]
```

这段代码将会创建一个列表，其中包含字符串 "Hello" 中每一个字符和其在字符串中的索引。你可以在一个 for 循环中使用它，遍历列表中的每一个元素，并得到它们的索引。

```
>>> for i,c in enumerate("Hello"):
        print(i,c)


(0, 'H')
(1, 'e')
(2, 'l')
(3, 'l')
(4, 'o')
```

在这段代码中，enumerate 创建的每一个元素都被解包为两个独立的哑变量（i 和 c），i 是字符 c 对应的索引。

在这个项目中，我们使用 enumerate 将原文本中的字符与替换列表中的加密字符联系在一起。它们按照如下的方式创建：

1. 为字典命名。

2. 用这个名字创建一个空字典，然后为键赋值。

3. 使用 for i, k in enumerate (CHAR_SET) 的方式遍历其中的每一个字符。

4. 将每个字符赋给一个哑变量 k（表示键）。

之前，你在这个项目中使用 c（用于字符）。从现在开始使用 k。

5. 使用索引 i 在 SUBSTITUTION_CHARS 中获取对应的字符，然后将它赋给哑变量 v（表示值）。

6. 创建一个条目，将键 k 与值 v 对应起来。

现在代码应该是什么样的？我将这段代码添加到文件顶端入口处创建 SUBSTITUTION_CHARS 的 Constants 代码段。

```
# generate encryption dictionary from the character set and
# its substitutions
encrypt_dict = {}
for i,k in enumerate(CHAR_SET):
    v = SUBSTITUTION_CHARS[i]
    encrypt_dict[k]=v
```

使用 join

想要加密整段信息，你需要更改信息中的每一个字符。不幸的是，字符串的属性是不变的，也就是说无法更改。你需要创建一个新字符串，里面包含所有修改后的字符。

创建字符串的一个简单方法是一次性添加多个字符，比如说：

```
>>> a_string = ""
>>> a_string
''
>>> for i in range(10):
        a_string = a_string + str(i) # add '0' then '1' and so on


>>> a_string
'0123456789'
```

像这样将字符串连在一起的方法称作串联。关于串联我们需要知道的事情就是——尽量不要使用它。如果工作中需要这个功能，或者你需要快速修改一条打印语句，那么可以使用，否则就不要使用。对于 for 循环中的每一次迭代来说，Python 都会创建一个新字符串，它会复制旧字符串，然后向其添加单个字符。它添加了 10 个字符，但是在这个过程中却执行了 10 次复制操作。这种复制操作会消耗很长的时间。

有一种更适合 Python 的方法，它可以从一组独立的字符（甚至是其他字符串）中创建一个新字符串，那就是将所有的字符添加到一个列表中，然后将它们连在一起，这样就构成了一个新字符串。

下面是使用 join 创建字符串的例子。它是对于任何一个字符串都有效的方法。首先将所有的字符存入一个名为 accumulator 的虚拟列表中，然后使用空字符串的 join 方法将它们连接在一起：

```
>>> accumulator = []
>>> for i in range(10):
        accumulator.append(str(i))


>>> accumulator
['0', '1', '2', '3', '4', '5', '6', '7', '8', '9']
>>> ''.join(accumulator)
'0123456789'
```

你可以将列表中的元素连接在任意字符串后面。在这个例子中，我们使用了一个空字符串，不过你也可以使用其他字符串，当连接操作完成的时候，这个字符串就会包含列表中的所有元素。

下面我们使用字符串 ' spam, '连接上一个例子中的 accumulator。

```
>>> ' spam, '.join(accumulator)
'0 spam, 1 spam, 2 spam, 3 spam, 4 spam, 5 spam, 6 spam, 7 spam,
8 spam, 9'
```

Spam（午餐肉），spam,spam! 神奇的 spam! 练习连接其他字符串。列表的 accumulator 可以是任何字符串列表。

无论使用什么字符串连接列表中的元素，都会将列表中的元素与字符串连接在一起。

重写加密函数

现在开始重写加密函数：

1. 保持原有的函数名称不变，不过要更新函数的注释。

2. 更改函数的定义，添加一个 encryption_dict 参数。

```
def encrypt_msg(plaintext, encrypt_dict):
```

3. 注释掉之前的旧代码。

当新代码编写完成的时候就可以将旧代码删除。

4. 创建一个空列表用来保存所有加密后的字符。

```
ciphertext = []
```

5. 遍历原文本中的每一个字符，然后根据传入的字典获得对应的加密后的字符。

```
for k in plaintext:
    v = encrypt_dict[k]
```

6. 将加密后的字符存储在列表中。

```
ciphertext.append(v)
```

7. 当遍历完原文本之后，将加密的字符连在一起并返回。

```
return ''.join(ciphertext)
```

8. 修改函数调用的地方，添加一个参数 ENCRYPTION_DICT。

```
ciphertext = encrypt_msg(CHAR_SET, ENCRYPTION_DICT)
```

注释掉旧代码，然后替换为新代码：

```
#### Function Section
def encrypt_msg(plaintext, encrypt_dict):
    """Take a plaintext message and encrypt each character using
    the encryption dictionary provided. key translates to its
    associated value.
    Return the cipher text"""
    ciphertext = []
    for k in plaintext:
        v = encrypt_dict[k]
        ciphertext.append(v)
        # you could just say
        # ciphertext.append(encrypt_dict[k])
        # I split it out so you could follow it better.
    return ''.join(ciphertext)
```

在 Testing 代码段，我将这一行：ciphertext = encrypt_msg（CHAR_SET）更改为 ciphertext = encrypt_msg（CHAR_SET, ENCRYPTION_DICT）：

```
ciphertext = encrypt_msg(CHAR_SET, ENCRYPTION_DICT)
```

现在运行这段代码：

```
>>> ============================== RESTART
==============================
>>>
0123456789abcdefghijklmnopqrstuvwxyzABCDEFGHIJKLMNOPQRSTUVWXYZ
!"#$%&'()*+,-./:;<=>?@[\]^_'{|}~
}~ 0123456789abcdefghijklmnopqrstuvwxyzABCDEFGHIJKLMNOPQRSTUVW
XYZ!"#$%&'()*+,-./:;<=>?@[\]^_'{|
}~ 0123456789abcdefghijklmnopqrstuvwxyzABCDEFGHIJKLMNOPQRSTUVW
XYZ!"#$%&'()*+,-./:;<=>?@[\]^_'{|
```

当你对新代码表示满意的时候，就可以删掉刚才注释的旧代码。

编写解密函数

如果不知道如何解密的话，一段加密后的代码对任何人都没有用。你需要一些方法解密原文本。你可以使用下面解密架构编写一个解密函数。

你要做的就是复制一份 encrypt_msg() 函数的代码，然后对这份代码做如下修改：

1. 重命名。

```
def decrypt_msg(ciphertext, decrypt_dict):
```

2. 更新注释。

3. 将 plaintext 参数修改为 ciphertext（要解密的代码），需要修改 3 个不同的地方。

```
plaintext = []
    plaintext.append(v)
return ''.join(plaintext)
```

4. 将 encrypt_dict 重命名为 decrypt_dict。

```
def decrypt_msg(ciphertext, decrypt_dict):
```

5. 根据加密字典创建一个解密字典。

这一部分工作我们在下一节完成。

6. 测试解密函数。

下下节做这一部分工作。

最后解密函数如下所示:

```
def decrypt_msg(ciphertext, decrypt_dict):
    """Take a ciphertext message and decrypt each character using
    the decryption dictionary provided. key translates to its
    associated value.
    Return the plaintext"""
    plaintext = []
    for k in ciphertext:
        v = decrypt_dict[k]
        plaintext.append(v)
    return ''.join(plaintext)
```

创建一个解密字典

想要将加密文本转换为原文本，需要逆向刚才做的工作。比如说,'d' 加密后对应 'a',
那么现在 'a' 解密后就对应 'd'。加密的方法是 ENCRYPTION_DICT['d']= 'a'，对应的解
密方法就是 DECRYPTION_DICT['a'] ='d'。制作加密字典 ENCRYPTION_DICT 时，
键值对应方式是 k->v。

制作解密字典的时候，可以执行反向赋值操作 v->k。在创建 ENCRYPTION_
DICT 的循环中执行 DECRYPTION_DICT[v]=k，就可以制作出解密字典。

下面是完成逆向工作的代码:

```
# generate encryption dictionary from the character set and
# its substitutions
ENCRYPTION_DICT = {}
DECRYPTION_DICT = {}
for i,k in enumerate(CHAR_SET):
    v = SUBSTITUTION_CHARS[i]
    ENCRYPTION_DICT[k]=v
    DECRYPTION_DICT[v]=k
```

双向测试

现在，你已经写好了加密函数和解密函数，接下来应该执行双向测试，也就是将一段文本加密成密码文本，然后再从密码文本解密为原文本。最后对比原始文本和解密后的文本，看看是否一致。

按照下面的步骤测试解密函数：

1. 选择一个文本用于测试，将它保存到 test_message 中。

之前用过 CHAR_SET，先测试它，然后就可以测试一些有趣的文本了。

```
test_message = CHAR_SET
```

2. 打印 test_message。

```
print(test_message)
```

3. 使用 encrypt_msg() 函数加密文本。将它保存为 ciphertext。

```
ciphertext = encrypt_msg(test_message, ENCRYPTION_DICT)
```

4. 打印加密后的文本。

```
print(ciphertext)
```

5. 使用 decrypt_msg() 解密密码文本。将它保存为 plaintext。

```
plaintext = decrypt_msg(ciphertext, DECRYPTION_DICT)
```

6. 打印 plaintext。

```
print(plaintext)
```

7. 打印 plaintext == test_message 的对比结果。

```
print(plaintext == test_message)
```

我注释了之前的一些打印语句，现在代码看起来如下所示：

```
#### Testing Section
##ciphertext = encrypt_msg(CHAR_SET, ENCRYPTION_DICT)
##print(CHAR_SET) # for comparison while testing
##print(ciphertext)
##print(SUBSTITUTION_CHARS) #what you should get
##print(ciphertext == SUBSTITUTION_CHARS) # are they the same?
##
##plaintext = decrypt_msg(ciphertext, DECRYPTION_DICT)
##print(plaintext)
##print(plaintext == CHAR_SET)

test_message = CHAR_SET
ciphertext = encrypt_msg(test_message, ENCRYPTION_DICT)
```

```
plaintext = decrypt_msg(ciphertext, DECRYPTION_DICT)

print(test_message)
print(ciphertext)
print(plaintext)
print(plaintext == test_message)
```

运行这段代码，输出结果如下：

```
>>> ============================= RESTART
=============================
>>>
0123456789abcdefghijklmnopqrstuvwxyzABCDEFGHIJKLMNOPQRSTUVWXYZ
!"#$%&'()*+,-./:;<=>?@[\]^_`{|}~
}~ 0123456789abcdefghijklmnopqrstuvwxyzABCDEFGHIJKLMNOPQRSTUVW
XYZ!"#$%&'()*+,-./:;<=>?@[\]^_`{|
0123456789abcdefghijklmnopqrstuvwxyzABCDEFGHIJKLMNOPQRSTUVWXYZ
!"#$%&'()*+,-./:;<=>?@[\]^_`{|}~
True
```

你可以对比第一行（test_message）和第三行（plaintest）。不过，计算机已经帮你把对比结果显示在了最后一行。True 表示这两行的内容一致。

将原文本替换为你自己的秘密信息，只需要更改 test_message 的值。回到项目开始的部分，我建议创建一个名为 TEST_MESSAGE 的变量。现在，我们可以使用这个变量：

```
TEST_MESSAGE = "I like Monty Python.  They are very funny."
test_message = TEST_MESSAGE
```

你会得到如下的输出：

```
>>> ============================== RESTART
=============================
>>>
I like Monty Python.  They are very funny.
F|ifhb|Jlkqv|Mvqelk+||Qebv|7ob|sbov|crkkv+
I like Monty Python.  They are very funny.
True
```

如果你删掉了之前注释的代码，那么整个代码现在看起来如下所示：

```
"""Cryptopy
Take a plaintext message and encrypt it using a Caesar cipher
Brendan Scott, 2015
"""

#### Imports Section
import string

#### Constants Section
```

```python
CHAR_SET = string.printable[:-5]
SUBSTITUTION_CHARS = CHAR_SET[-3:]+CHAR_SET[:-3]
# generate encryption dictionary from the character set and
# its substitutions
ENCRYPTION_DICT = {}
DECRYPTION_DICT = {}
for i,k in enumerate(CHAR_SET):
    v = SUBSTITUTION_CHARS[i]
    ENCRYPTION_DICT[k]=v
    DECRYPTION_DICT[v]=k


TEST_MESSAGE = "I like Monty Python.  They are very funny."

#### Function Section
def encrypt_msg(plaintext, encrypt_dict):
    """Take a plaintext message and encrypt each character using
    the encryption dictionary provided. key translates to its
    associated value.
    Return the cipher text"""
    ciphertext = []
    for k in plaintext:
        v = encrypt_dict[k]
        ciphertext.append(v)
        # you could just say
        # ciphertext.append(encrypt_dict[k])
        # I split it out so you could follow it better.
    return ''.join(ciphertext)


def decrypt_msg(ciphertext, decrypt_dict):
    """Take a ciphertext message and decrypt each character using
    the decryption dictionary provided. key translates to its
    associated value.
    Return the plaintext"""
    plaintext = []
    for k in ciphertext:
        v = decrypt_dict[k]
        plaintext.append(v)
    return ''.join(plaintext)


#### Testing Section
test_message = TEST_MESSAGE
ciphertext = encrypt_msg(test_message, ENCRYPTION_DICT)
plaintext = decrypt_msg(ciphertext, DECRYPTION_DICT)

print(test_message)
print(ciphertext)
print(plaintext)
print(plaintext == test_message)
```

输入原文本或者加密文本

现在你需要在自己的消息中使用这些代码，而不是将消息硬写在代码中（TEST_MESSAGE 就是硬编码）。

当数据来源于程序代码而不是用户输入，那么就说它是硬编码。

显然，我们应该在加密 / 解密过程中使用 raw_input() 来获取更多输入。不过我们也面临一些问题：程序可以加密或者解密，但是它无法区分是将原文本转化为加密文本，还是将加密文本解密。

有一些方法可以解决这个问题，但是最简单的做法是加密解密都做！让用户自行获取想要的信息。

为了完成这个工作，我们要：

1. 思考一个提示语，在要求输入信息的时候显示。提示信息应该考虑到加密解密，同时，使用 raw_input() 获取输入信息。

```
message = raw_input("Type the message to encrypt below:\n")
```

2. 将加密后的文本赋给 ciphertext，将解密后的文本赋给 plaintext。

```
ciphertext = encrypt_msg(message, ENCRYPTION_DICT)
plaintext = decrypt_msg(message, DECRYPTION_DICT)
```

3. 打印简单的一行文字："This message encrypts to"。

然后打印加密后的文本。

4. 打印简单的一行文字："This message decrypts to"。

然后打印解密后的文本。

```
print("This message encrypts to")
print(ciphertext)
print # just a blank line for readability
print("This message decrypts to")
print(plaintext)
```

我将 Testing 代码段的内容替换为如下的代码（如果你愿意，可以将这些代码注释而不是删除）。

```
#### Input and Output Section
message = raw_input("Type the message to process below:\n")
ciphertext = encrypt_msg(message, ENCRYPTION_DICT)
```

```
plaintext = decrypt_msg(message, DECRYPTION_DICT)
print("This message encrypts to")
print(ciphertext)
print # just a blank line for readability
print("This message decrypts to")
print(plaintext)
```

\n 字符可以让你在提示语的下一行输入信息。运行这段代码将会得到如下输出：

```
>>> ================================= RESTART
================================
>>>
    Type the message you'd like to encrypt below:
I love learning Python. And my teacher is smelly. And I shouldn't start
a sentence with and.
This message encrypts to
F|ilsb|ib7okfkd|Mvqelk+|xka|jv|qb79ebo|fp|pjbiiv+||xka|F|pel
riak$q|pq7oq|7|pbkqbk9b|tfqe|7ka+

This message decrypts to
L2oryh2ohduqlqj2SBwkrq;2Dqg2pB2whdfkhu2lv2vphooB;22Dqg2L2vkrxogq*w2vwduw2
d2vhqwhqfh2zlwk2dqg;
```

再次运行。这回，我们输入加密后的文本，输出解密后的文本。复制粘贴：

```
>>> ================================= RESTART
================================
>>>
    Type the message you'd like to encrypt below:
F|ilsb|ib7okfkd|Mvqelk+|xka|jv|qb79ebo|fp|pjbiiv+||xka|F|pelriak$q|pq7oq|
7|pbkqbk9b|tfqe|7ka+
This message encrypts to
C_fip8_f84lhcha_Jsnbih(_uh7_gs_n846b8l_cm_mg8ffs(__uh7_C_mbiof7h!n_
mn4ln_4_m8hn8h68_qcnb_4h7(

This message decrypts to
I love learning Python. And my teacher is smelly. And I shouldn't start
a sentence with and.
```

你可以得到你想要的内容，但是打印的信息比你需要的信息多很多。如果这是一个图形界面的程序（在 dummies.com/go/pythonforkids 中可以阅读这个项目），你会看到两个独立的按钮，一个用来加密，一个用来解密。

加密一个文本文件

将文本输入（包括复制粘贴）到 text_input 中有些麻烦。有一种方法是让 Python 从文件中读取文本。这种做法很简单，但是解释有点啰唆。

这种做法仅限于文本（.txt）文件——文件中不包含其他格式或者指令。如果你尝试使用 word 文件，将无法得到正确的结果。

打开、写入并关闭一个文件

在 IDLE Shell 窗口中尝试输入以下代码。确保正确复制这些代码：

```
>>> file_object = open('p4k_test.py','w')
```

这段代码就是告诉 Python 使用内置的 open() 函数打开计算机硬盘中的 p4k_test.py 文件，然后将结果存入到名为 file_object 的变量中准备写入。如果名为 p4k_test.py 的文件已经存在，那么就会覆盖该文件，并删除文件中已经有的内容。

如果让 Python 做一些删除数据的工作，那么它就会照做，而且在删除前不会发出警告，也不会备份。在用 Python 对文件进行操作之前请三思。如果不确定是否会造成不良后果，可以先做一个测试。

在解释器中输入 help（open）就可以打开 open 的帮助文档。帮助文档中写到 "Open a file using the file() type，returns a file object."。这就是为什么我要在代码中使用 file_object 这个变量名称。严格来讲，文件对象并不能代表文件本身。你可以将文件对象看作是文件与 Python 之间的接口。文件对象是对象这一点毋庸置疑，使用 dir 可以查看文件对象的属性。

输入 dir（file_object），就可以打开在本小节开始时获得的文件对象。返回的结果是一个属性列表。在这里，我们关心 write、read、readlines 和 close 这几个方法。

当你对一个文件操作完毕的时候，记得一定要调用 close 方法。

现在在文件中写入一些内容然后关闭（在这个例子中写入了字符串 text 中的内容）。我们使用文件对象的 write 和 close 方法：

```
>>> text = "print('Hello from within the file')\n" # watch the " and '
>>> file_object.write(text) # writes it to the file
>>> file_object.write(text) # writes it to the file again!
>>> file_object.close() # finished with file, so close it
```

上面的代码在变量 text 中存储了一个字符串。字符串的结尾是一个新行字符 \n。然后调用 file_object 对象的 write 方法（上面的代码执行了两次写入操作，我需要用第二行来解释一些别的问题）。字符串中的 \n 会将字符串分别放到两行中。最后执行关闭文件操作。

读取文件

再次打开文件——只不过这次使用 read（读取）模式而不是 write（写入）模式。

如果使用 write 模式打开一个文件就会破坏它的内容。确保正确地复制下面的代码。你需要将 'w'（write）字符更改为 'r'（read）字符。

```
>>> file_object = open('p4k_test.py','r')
```

本行与上一行仅有一字之差：将字符 'w' 替换成字符 'r'。这样就可以使用 read 模式打开文件（r 的意思是读取？聪明！）使用 read 模式打开文件不会对文件内容有影响（哎呀！）。

当你打开文件后，就可以使用 file_object 对象的 read 方法：

```
>>> print(file_object.read())
print('Hello from within the file')
print('Hello from within the file')
```

file_object（它本身也是一个 file 类型的对象）的 read 方法会读取整个文件的内容。文件对象同样会记录已经读取了多少字节，它会从上次离开的位置继续读取。因为已经读到了文件的末尾，所以再次读取就不会得到任何内容：

```
>>> print(file_object.read())
```

如果关闭文件再重新打开，就可以从开始读取：

```
>>> file_object.close()
>>> file_object = open('p4k_test.py','r')
>>> print(file_object.read())
print('Hello from within the file')
print('Hello from within the file')

>>> file_object.close() # finished, so close the file.
```

readlines() 方法可能是更常用的读文件的方法。不像 read 方法，它会从文件当前位置开始，一直读取到文件结束，而 readlines() 方法一次仅读取一行。

```
>>> file_object.close()
>>> file_object = open('p4k_test.py','r')
>>> counter = 0
>>> for line in file_object.readlines():
        counter = counter +1
        print(str(counter)+ ": "+line)


1: print('Hello from within the file')

2: print('Hello from within the file')

>>> file_object.close()
```

在上面的输出结果中，行与行之间都隔了一行，这是因为每一行的结尾都有一个 \n，打印语句不仅会执行这个 \n，而且还会额外在每行后面添加一个新行。你可以确认每行后面都带有一个 \n，因为 line 变量仍然存有文件的最后一行。

```
>>> line
"print('Hello from within the file')\n"
```

运行文件

写入文件的数据是正确的 Python 代码。你可以验证写入的文件是一个普通的文件（Python 文件是因为这个文件带一个 .py 后缀）。使用 IDLE 的 Edit 窗口打开文件 p4k_test.py，就可以运行。运行文件而不进行任何更改。

```
>>> =============================== RESTART ===============================
>>>
Hello from within the file
Hello from within the file
```

这看起来就像是你在文件中直接输入代码。

使用 with 语法打开或者关闭

有的时候，打开一个文件却忘了关闭是一件很麻烦的事情。Python 有另外一个关键字可以解决这个问题——with。将 open 命令放在 with 关键词后面，然后写上 as 关键字和一个存储文件对象的虚拟变量，就像这样：

```
>>> with open('p4k_test.py','r') as file_object:
        print(file_object.read())

print('Hello from within the file')
print('Hello from within the file')

>>> file_object
<closed file 'p4k_test.py', mode 'r' at 0xf7fed0>
```

上面代码使用 read 模式打开了一个名为 p4k_test.py 的文件，然后将它创建的对象放到一个名为 file_object 的对象中。第二行就会读取并打印文件的内容。当读取到代码块的底部时，Python 就会知道你已经不再需要这个文件，所以自动将这个文件对象清理掉（你父母有的时候会想你要是有这样的特性该多好啊）。清理工作的一部分就是关闭文件。最后一行告诉你这个对象是一个关闭的文件，所以 Python 就会为你关闭这个文件。

我们可以对多个文件使用 with 关键字，就像下面的伪代码。不要在命令行中输入这段代码，不会起作用的：

```
with open(filename1, 'r') as file_object1,
    open(filename2, 'r') as file_object2:
    do stuff with file_object1
    do stuff with file_object2
```

伪代码用于展示真实代码的结构，也称之为 *pseudocode*（p 的词根应该是安静的意思）。

下面是 Shell 中的一个简单例子。它会摧毁任何名为 testfile2 的文件，所以小心操作！

```
>>> with open('testfile2','w') as a:
        a.write('stuff')


>>> with open('testfile2','r') as a,
        open('p4k_test.py','r') as b:
        print(a.read())
        print(b.read())


stuff
print('Hello from within the file')
print('Hello from within the file')


>>> a
<closed file 'testfile2', mode 'r' at 0xf6e540>
>>> b
<closed file 'p4k_test.py', mode 'r' at 0xef4ed0>
```

在这里主要使用了 with 关键字。从现在开始，我们都要使用 with 关键字，除非有更好的理由不使用它。

从文件中加密解密

在命令行中执行剪切和粘贴的操作实在太麻烦了。在接下来的两节中，我们将会加密一个文件。

1. 为包含要加密的原文本的文件起一个名字（cryptopy_input.txt）。

应用程序将会被编码，除了这个文件外没有别的地方能够读取文件内容。

2. 创建文件并填入一些测试数据。

3. 为常量选择一个名称，用于存储 cryptopy_input.txt。

你可以将这个变量改为不同的值，用来加密其他文件。

4. 为存储加密文本（cryptopy_output.txt）的文件选择一个名称。

5. 为常量选择一个名称，用于存储 ciphertext.txt。

6. 打开输入文件。

7. 读取原文本。

8. 关闭输入文件。

9. 加密文件内容。

10. 打印加密文本。

这个步骤用于测试。

11. 打开输出文件。

12. 写入加密文本。

13. 关闭输出文件。

我们使用上述步骤中的 6 ~ 13 替换当前版本代码中的 Input and Output 代码段，所以删除或者注释掉这部分代码。

选择一个名称并创建测试数据

我为输入、输出文件起的名字分别是 INPUT_FILE_NAME 和 OUTPUT_FILE_NAME。

使用 Shell 窗口快速创建一个输入文件并在其中添加一些数据：

```
>>> INPUT_FILE_NAME = "cryptopy_input.txt"
>>> with open(INPUT_FILE_NAME,'w') as input_file:
        input_file.write('This is some test text')
```

因为文件创建完毕你无法得到任何反馈，所以如果怀疑是否创建成功，你可以使用文件浏览器查看文件是否真实存在。

os.path 库有一个函数——exists()，它可以告诉你一个文件是否存在。想要使用这个函数，请输入 import os.path，然后调用 os.path.exists（<path to file>）。将 <path to file> 替换成相关的文件名或者文件的完整路径。

打开文件加密数据

打开文件的主要技巧是区分文件名和文件对象的不同。文件名是提供给内置 open()

函数的参数。文件对象是 open() 函数的返回值。我使用 input_file 和 output_file 保存文件对象。

首先在 Constants 代码段添加两个变量保存输入和输出文件。下面是我添加的代码:

```
INPUT_FILE_NAME = "cryptopy_input.txt"
OUTPUT_FILE_NAME = "cryptopy_output.txt"
```

现在,我们要做以下几件事:

1. 注释掉 Input and Output 代码段的旧代码。

2. 在 Input and Output 代码段,打开输入文件,将其中的内容写入一个 message 变量。

```
with open(INPUT_FILE_NAME,'r') as input_file:
    message = input_file.read()
```

3. 使用 encrypt_msg() 函数加密信息,生成加密文本。

```
ciphertext = encrypt_msg(message, ENCRYPTION_DICT)
```

4. 打开输出文件并将加密文本写入。

```
with open(OUTPUT_FILE_NAME,'w') as output_file:
    output_file.write(ciphertext)
```

下面是最终代码:

```
#### Input and Output Section
with open(INPUT_FILE_NAME,'r') as input_file:
    message = input_file.read()


ciphertext = encrypt_msg(message, ENCRYPTION_DICT)
print(ciphertext) # just for testing


with open(OUTPUT_FILE_NAME,'w') as output_file:
    output_file.write(ciphertext)
```

步骤 6~13 这里都包含了,对不对? 运行文件将会得到如下输出:

```
Qefp|fp|pljb|qbpq|qbuq
```

IDLE 的 Shell 窗口之所以会显示这个输出,是因为代码中包含打印语句。打开文件并打印其中的内容就可以确认文件已经写入了上述内容,例如:

```
>>> OUTPUT_FILE_NAME = "cryptopy_output.txt"
>>> with open(OUTPUT_FILE_NAME,'r') as output_file:
        print(output_file.read())


Qefp|fp|pljb|qbpq|qbuq
```

在 Shell 中解密

最好能够在交互式的 Shell 窗口中解密并执行测试，而不用重新运行程序（并编写从文件中解密的代码）。为了做到这一点，你需要将 decrypt_msg 从 cryptopy.py 文件中拿出来，放到 Shell 中执行。幸运的是，可以使用 import 完成这项工作。

进入 IDLE Shell 窗口，然后输入：

```
>>> import cryptopy
Qefp|fp|pljb|qbpq|qbuq
```

这与你从 Python 标准库中导入模块的结构一样，你可以导入任何 Python 代码。唯一的限制是 Python 需要能够找到这段代码。对于当前情况来说，代码需要放在 C:\Python27 这个文件夹中。现在已经导入了代码，可以使用代码中定义的函数和静态变量了。

定义一段原文本：

```
>>> plaintext = """I wonder if I can use the functions and constants
from cryptopy to make encrypted messages from the command line?"""
```

使用文件中的 encrypt_msg() 函数。你需要将 cryptopy 视为模块名，就像从标准库中导入一个模块一样即可。

```
>>> ciphertext = cryptopy.encrypt_msg(plaintext,cryptopy.
        ENCRYPTION_DICT)
```

打印一下结果，看看加密后的内容：

```
>>> ciphertext
'F|tlkabo|fc|F|97k|rpb|qeb|crk9qflkp|7ka|9lkpq7kqp|colj|9ovmqlmv\nql|
      j7hb|bk9ovmqba|jbpp7dbp|colj|qeb|9ljj7ka|ifkb<'
```

现在使用 decrypt_msg() 函数进行加密，并反向确认：

```
>>> print(cryptopy.decrypt_msg(ciphertext,cryptopy.DECRPTION_DICT))
I wonder if I can use the functions and constants from cryptopy
to make encrypted messages from the command line?
```

现在可以选择你想要使用的函数 ——即使在 Python 解释器中也可以。你可以使用 tab 键的自动完成功能获取静态变量的名称，比如说 cryptopy.ENCRPTION_DICT 等。就像你可以在解释器中使用这些函数一样，你也可以在 Python 程序中使用它们，仅需导入对应的模块。

不过也有一些限制。要想使用 import 语句，那么想要使用的模块必须在下面路径中的其中一个：

✔ 在环境变量 PYTHONPATH 列出的目录中。

✔ 引入该文件的 Python 脚本的当前工作目录。

比如说现在，将你的应用程序（以及任何它调用的模块）放到 C:\Python27 这个目录下。

当你导入 cryptopy 的时候，会打印一些文本：Qefp|fp|pljb|qbpq|qbuq。这些文本看上去就像一些已经加密过的原文本。现在尝试解密：

```
>>> ciphertext = "Qefp|fp|pljb|qbpq|qbuq"
>>> cryptopy.decrypt_msg(ciphertext,cryptopy.DECRYPTION_DICT)
'This is some test text'
```

这就是需要保存到 cryptopy_input.txt 中的信息。它会在 cryptopy 中的 Input and Output 代码段内加密并打印。当你导入 cryptopy 的时候，Python 需要执行整个 cryptopy.py 文件，包括测试和输入代码。当只运行这个模块本身时，没有问题。但是当在其他程序中导入这个模块时就会出现问题。因为它们只是想调用函数，而不想让测试代码运行。

Python 会为你提供一种方法阻止代码在导入的时候自动运行。Python 会将要运行的代码使用名为 __name__ 的变量标记。（还记得 dunder name 吗？）当你运行一个文件的时候，值 "__main__" 就会赋给这个变量。Python 会自动完成这个操作。

你可以使用 __name__ 变量区分一段代码是否可以在导入的时候运行。如果 __name__ 等于 "__main__"，那么代码就不会被导入，否则就会导入。在 Python 中，隔离（使用 if 语句块）那些你不想在运行时导入的代码很简单，比如像下面这样：

```
>>> if __name__ == "__main__":
        print("Not in an import")


Not in an import
```

整理一下 cryptopy 脚本，让它能在其他脚本中导入使用：

1. 插入 if 语句，比较 __name__ 与 "__main__" 是否相等。

2. 将已存在的代码从 Input and Output 代码段移动到 if 语句中。

新的 Input and Output 代码段看起来如下所示。注意缩进注释的区域：

```
if __name__ == "__main__":
## message = raw_input("Type the message to process below:\n")
## ciphertext = encrypt_msg(message, ENCRYPTION_DICT)
## plaintext = decrypt_msg(message, DECRYPTION_DICT)
## print("This message encrypts to")
```

```
## print(ciphertext)
## print # just a blank line for readability
## print("This message decrypts to")
## print(plaintext)
with open(INPUT_FILE_NAME,'r') as input_file:
    message = input_file.read()

ciphertext = encrypt_msg(message, ENCRYPTION_DICT)
print(ciphertext) # just for testing

with open(OUTPUT_FILE_NAME,'w') as output_file:
    output_file.write(ciphertext)
```

我将在本书剩下的部分引用这块代码，我们将这块代码称为 Main 代码段。重新将 #### Input and Output Section 命名为 ####Main Section。

现在当你导入代码的时候，Python 只会载入前面 Input and Output 代码段的函数，但却不会运行它们。

```
>>> import cryptopy # nothing should print
>>>
```

判断语句 if __name__ == "__main__": 是代码重复使用的一种非常有效的方法，你不需要将代码复制粘贴到一个新文件中就可以放心导入。

这样一来，我们就不用准备两份文件，一份用于使用，另一份用于导入了。如果代码有一些错误或者有一些特性需要添加到代码中，只需要向一个文件中添加。其他使用这段代码的程序会自动更新到最新的代码。

更改解密部分的代码

现在，我们编写的代码仅仅会打开一个文件并加密它的内容。如果把加密功能单独拿出来会非常方便。运行代码的时候应该执行加密操作还是解密操作呢？

想要解决这个问题，需要在软件中执行选择操作。要想执行选择操作，需要在代码中设定一个常量，然后根据常量的值决定执行哪个分支。

为了在我们的代码中加入这个功能，我们需要在 Main 代码段做如下的操作：

1. 创建一个常量。

常量的值会是 True 或者 False。如果值为 True，那么它就会加密输入文件。如果值为 False，就会执行解密操作。创建一个常量，然后将它添加到 Main 代码段的起始位置（也可以放在 Constants 代码段）。

```
ENCRYPT = False # This is the constant used for the if
                # clause
```

2. 将 ciphertext 的所有引用指向 text_to_output，因为 ciphertext 这个名字现在看已经不够精确。

3. 为了判断是执行读取一个输入文件的操作，还是执行写入一个输出文件的操作，我们需要添加 if 语句。

它会根据常量的值来判断加密文件还是解密文件。

```
if ENCRYPT:
    text_to_output = encrypt_msg(message, ENCRYPTION_DICT)
else:
    text_to_output = decrypt_msg(message, DECRYPTION_DICT)
```

在 Main 代码段，删掉注释掉的内容，看起来如下所示：

```
#### Main Section
if __name__ == "__main__":
    ENCRYPT = False # This is the constant used for the if clause

    with open(INPUT_FILE_NAME,'r') as input_file:
        message = input_file.read()
    if ENCRYPT:
        text_to_output = encrypt_msg(message, ENCRYPTION_DICT)
    else:
        text_to_output = decrypt_msg(message, DECRYPTION_DICT)

    print(text_to_output) # just for testing

    with open(OUTPUT_FILE_NAME,'w') as output_file:
        output_file.write(text_to_output)
```

我将常量 ENCRYPT 的值设置为 False（因为文本已经被加密了）。你可以看到，解密很轻松。

为了测试代码，将一些加密后的文本放入输入文件中。使用 IDLE Shell 窗口或者在 IDLE 中打开文件的方式都可以将数据存入文本中。确保使用 Open 窗口的 Files of Type 的下拉菜单选择 Text Files（*.txt）或者 All Files（*）。否则，它不会在窗口中显示。

我将之前加密过的文本复制粘贴到这里：

```
Qefp|fp|pljb|qbpq|qbuq
```

下面是运行后的输出内容：

```
>>> ==================================== RESTART
==============================
>>>
This is some test text
```

选择语句另外一个常见的使用场景是使用 DEBUG（或者类似的）常量，打开或者关闭调试相关代码。

完整的代码

最终代码看起来如下所示：

```
"""Cryptopy
Take a plaintext message and encrypt it using a Caesar cipher
Take a ciphertext message and decrypt it using the same cipher
Encrypt/decrypt from and to a file
Brendan Scott, 2015
"""

#### Imports Section
import string

#### Constants Section
CHAR_SET = string.printable[:-5]
SUBSTITUTION_CHARS = CHAR_SET[-3:]+CHAR_SET[:-3]
# generate encryption dictionary from the character set and
# its substitutions
ENCRYPTION_DICT = {}
DECRYPTION_DICT = {}
for i,k in enumerate(CHAR_SET):
    v = SUBSTITUTION_CHARS[i]
    ENCRYPTION_DICT[k]=v
    DECRYPTION_DICT[v]=k
# other characters - \t, \n etc - are not changed
for c in string.printable[-5:]: # watch the colons!
    ENCRYPTION_DICT[c]=c
    DECRYPTION_DICT[c]=c

TEST_MESSAGE = "I like Monty Python. They are very funny."
INPUT_FILE_NAME = "cryptopy_input.txt"
OUTPUT_FILE_NAME = "cryptopy_output.txt"

#### Function Section
def encrypt_msg(plaintext, encrypt_dict):
    """Take a plaintext message and encrypt each character using
    the encryption dictionary provided. key translates to its
    associated value.
    Return the cipher text"""
    ciphertext = []
    for k in plaintext:
        v = encrypt_dict[k]
        ciphertext.append(v)
```

```
                # you could just say
                # ciphertext.append(encrypt_dict[k])
                # I split it out so you could follow it better.
            return ''.join(ciphertext)



    def decrypt_msg(ciphertext, decrypt_dict):
        """Take a ciphertext message and decrypt each character using
        the decryption dictionary provided. key translates to its
        associated value.
        Return the plaintext"""
        plaintext = []
        for k in ciphertext:
            v = decrypt_dict[k]
            plaintext.append(v)
        return ''.join(plaintext)



    #### Main Section
    if __name__ == "__main__":
    ## message = raw_input("Type the message to process below:\n")
    ## ciphertext = encrypt_msg(message, ENCRYPTION_DICT)
    ## plaintext = decrypt_msg(message, DECRYPTION_DICT)
    ## print("This message encrypts to")
    ## print(ciphertext)
    ## print # just a blank line for readability
    ## print("This message decrypts to")
    ## print(plaintext)
      ENCRYPT = False # This is the constant used for the if clause

    with open(INPUT_FILE_NAME,'r') as input_file:
        message = input_file.read()

    if ENCRYPT:
        text_to_output = encrypt_msg(message, ENCRYPTION_DICT)
    else:
        text_to_output = decrypt_msg(message, DECRYPTION_DICT)

    print(text_to_output) # just for testing

    with open(OUTPUT_FILE_NAME,'w') as output_file:
        output_file.write(text_to_output)
```

总结

在本章中，你学习了：

✔ 新的数据类型——字典。字典中包含条目。每个条目有一个键和对应的值。

✔ 我们可以通过键直接访问字典中对应的值。如果 key:value 是字典 a_dictionary 的一个条目，那么访问值的语法就是 a_dictionary[key]。

✔ 创建空字典。

✔ 在已经存在的字典中创建新条目。

✔ 使用 Caesar 加密器。

✔ 通过将列表中元素串联起来的方式创建一个字符串，并使用 join 方法将列表中的元素连接在一起。

✔ 在计算机上使用 open 或者 close 打开文件。

✔ 使用 read 或者 write 在计算机上读取或者写入文件。

✔ 使用 Python 中的 with 和 as 关键字清理使用过的文件。

✔ 导入不在标准库中的模块。这些模块可以是你自己的模块，也可以是其他模块。

✔ 使用 if __name == "__main__": 语句隔离文件中的函数，防止在导入模块的时候自动执行这些函数。

✔ 使用常量值来控制程序运行的分支。

第 8 章
无厘头的句子

在这一章，我们将会完成一段程序，这个程序将输出一串滑稽单词的组合，就像故事接龙。为了实现这个目标，需要格式化输出字符串，以便优美地打印字符串。

```
>>>
Tim sneezed the tired hovercraft.
Mrs Pepperpot sneezed the tight dinner.
Some dude threw the slimy hat.
Some dude wrote the tight walk.
Mrs Pepperpot sneezed the Python bag.
My Python teacher stole the big eels.
Dinsdale kissed the furry cat.
Mrs Pepperpot walked the heavy shoes.
Some dude cooked the tall joke.
My Python teacher wrote the silly shirt.
Mrs Pepperpot made the tall book.
Some dude ate the heavy coffee.
My Python teacher climbed the smelly hat.
Dinsdale lost the silly house.
Mrs Pepperpot cooked the funniest laptop.
My Python teacher drank the slippery laptop.
My dad cooked the silly drink.
Dinsdale stole the silly shirt.
A dog wrote the silly car.
A dog walked the heavy eels.
>>>
```

这一章是要从列表中随机地选择单词创造模板，单词的随机性使得组成的句子是荒谬有趣的，能令你捧腹大笑。

完成这一章，你需要：

1. 阅读 Python 格式化字符串的相关内容。

2. 为这些格式化字符串建立模板。

3. 建立一个单词列表，能够从中选取单词填入格式化字符串中。

4. 随机选取单词。

5. 将选好的单词通过格式化字符串放入模板中。

插入格式化字符串

格式化字符串可以将消息中经常变化的部分与模板融为一体，这样可以使得发布消息更加容易，还可以让代码更可读。

打开 IDLE，在解释器中输入以下代码，注意这里有两个字符串。一个是 "Hi there %s. You are such a good author."，另一个是 "Brendan"。这两个字符串用 % 连接。

```
>>> print("Hi there %s. You are such a good author."%"Brendan")
Hi there Brendan. You are such a good author.
```

为什么，谢谢你，很高兴你这么说。

你看发生了什么？第一个字符串中 %s 的位置被第二个字符串（"Brendan"）替换了。

在 IDLE 中，字符串是绿色的，% 是黑色的。

- ✔ % 被称为 Python 的*格式化操作符*。
- ✔ % 右侧的字符串叫作*格式化值*。
- ✔ % 左侧的字符串叫作*格式化字符串*（或叫作*格式化模板*）。
- ✔ 第一个字符串中的 %s 被称为*转换说明符*（认真地讲，这些可不是我编造的名词）。

这种情况下，说明符（%s）表示将格式化字符串转换为格式化值（s 代表字符串），这里你需要关注的说明符是 %s（也就是说，转换为字符串）。还有许多其他的说明符，我们主要用到的是这些：整数 %i、浮点数 %f、通用 %g 以及百分数 %。

用格式化模板字符串发布消息更加容易，比如你想输出类似 "You have 15 turns remaining until the end of the game."。这里的数字在不断地变化，而其他内容是一直保持不变的。

格式化值的个数要满足要求

想要造一个搞笑的句子，你需要把一堆单词一起放入消息模板，而不仅仅只是替换模板里的一个词。想要做到这一点，需要以下的步骤：

1. 在模板里增加多个说明符。

2. 用类似列表的形式列出需要转换的所有值，但是需要将这些值放在小括号里，而不是放在使用列表的方括号中。

3. 确保说明符的数量等于需要转换的值的数量。

一个简单的例子：

```
>>> "%s %s"%(1,2)
'1 2'
```

如果说明符的数量和要转换值的数量不符，将会报错。试一下这些例子：

"%s %s"%(1)（两个说明符，一个值）

"%s %s"%(1,2,3)（两个说明符，三个值）

注意这些错误，否则迟早会需要调试它们，你可以在传递这些值到格式化字符串之前先将这些值保存起来：

```
>>> values = (1,2)
>>> "%s %s"%values
'1 2'
>>> # Snuck in a tuple:
>>> type(values)
<type 'tuple'>
```

格式化操作符只需要一个参数。把很多由逗号分隔的元素用小括号括起来，将得到一种新的对象*元组*。这是可以传递给格式化操作符的唯一对象。

Tuh 或 tyoo

对于元组的正确发音有着激烈的辩论，我喜欢发和 supple 押韵的那个音，即使元组只有一个 p，但具有柔和的韵律，更容易发音，听起来更好听。然而，其他一些人喜欢 two-ple 或 tyoo-pull。请不要因为这个打架。

使用元组数据类型

这里有一堆的单词列表，用于组成无厘头的句子。在每一个列表中选择一个单词，将它们放到一起。格式化操作符只能有一个参数，所以将所有单词打包放入一个对象，作为一个参数，以便能够将它们传递到格式化操作符那里。因此，你需要元组。

元组是最容易被误解的 Python 数据类型。元组有一点像列表。一些人认为元组比列表还要糟糕，然而它们是不同的。你可以读取元组中的每个元素的值，但是不能改变它们。元组是不可变的，这是委婉地在说它们的值不能改变。

元组适合用于：

✔ 当你想要一些值保持特定的顺序的场景。这恰好是使用格式化字符串所需要的。

✔ 当有一些不想改变的值的时候（无论是有意还是无意）。

元组的元素有顺序，而列表不关注顺序。

可以像遍历列表一样遍历元组，也可以像列表一样读取元组的每一个元素：

```
>>> my_tuple = ('e','3')
>>> for e in my_tuple:
        print(e)


e
3
>>> my_tuple[0]
'e'
>>> my_tuple[1]
'3'
>>> my_tuple(0) # use [] not ()!

Traceback (most recent call last):
File "<pyshell#42>", line 1, in <module>
  my_tuple(0) # [] not ()!
TypeError: 'tuple' object is not callable
```

在这里，my_tuple [0] 检索元组中第一个元素的值（元素下标从 0 开始），元组方括号记法与列表一致。元素下标从 0 开始，与第 6 章中的那些替换组合类似。

请确认你不能通过给一个元素赋值的方式改变这个元素的值：my_tuple [0] = 17。请尽快记住这个错误信息（错误信息告诉你元组不支持赋值的操作），当你之后再看到这个错误时，就可以知道错误的原因了。

元组可以仅由一个元素组成。为什么？因为代码可能期望使用一个元组。如何使一个元组只有一个元素？答案是并没有什么不同，还是将一个元素放在圆括号中，但是要在这个元素后加一个逗号。

```
>>> my_one_element_tuple = (1,)
>>> my_one_element_tuple
(1,)
```

这里的逗号告诉 Python 这是一个元组，确切地说是逗号完成了创建了一个元素的元组，而不是圆括号。这个语法略有些难以理解。

元组还可以让你从函数中返回多个值，当你需要函数返回多个值时，使用元组是非常方便的。但是调用函数的代码需要将这个返回值视为单个的元组或者单个的元素。这就是所谓的元组*解包*。

如果想正确解包，就需要提供给元组正确的元素个数。例如，这里 test_function() 函数返回一个 3 个值的元组（1,2,3），代码可以接受它作为单一的对象 a= test_function()，或者 3 个独立的对象 a,b,c = test_function()，但不可以是其他数量的对象个数。

当你想从函数中返回多个值时，可以使用这种方法：

```
>>> def test_function():
        return (1,2,3) # returns a tuple with three elements


>>> a = test_function()
>>> a
(1, 2, 3)
>>> a,b,c = test_function()
>>> a
1
>>> b
2
>>>c
3
>>> a,b = test_function()

Traceback (most recent call last):
  File "<pyshell#59>", line 1, in <module>
    a,b = test_function()
ValueError: too many values to unpack
```

你也可以直接解包一个元组：

```
>>> a,b,c = (1,2,3) # unpack the tuple into a, b, c
>>> print("a: %s, b: %s, c: %s"%(a,b,c))
a: 1, b: 2, c: 3
>>> a,b = (1,2,3) # three values but only two variables.

Traceback (most recent call last):
  File "<pyshell#62>", line 1, in <module>
    a,b = (1,2,3)
ValueError: too many values to unpack
```

开始构造无厘头的句子

要想构造无厘头的句子，我们需要一个模板，通过模板插入一些单词。类似下面这个样子：

< 人或动物 >< 动词 >the< 形容词 >< 名词 >

（好，好，我知道动词不是一个具体的词）格式化模板就像下面的样子，每个 %s 都是一个转换说明符，其标识的位置将会插入一个值到字符串之中：

```
template = "%s %s the %s %s."
```

现在开始构造无厘头句子了：

1. 新建一个文件并命名为 silly_sentencer.py。

2.　在文件顶部添加一个注释,解释该文件的功能。

```
"""silly_sentencer.py
This program prints silly sentences by mapping random words
into a formatting template
Brendan Scott
Jan 2015
"""
```

3.　基于 < 人或动物 >< 动词 >the< 形容词 >< 名词 > 创建一个模板。

```
template = "%s %s the %s %s."
```

4.　将下面的样本存储到一个名叫 BASE_SENTENCE 的常量中。

后面测试代码的时候,会用到这句话。

```
BASE_SENTENCE = "My Python teacher wrote the Python book."
```

5.　在代码中敲入以下内容:

```
persons = ["My Python teacher"]
verbs = ["wrote"]
adjectives = ["Python"]
nouns = ["book"]
```

在本章的初始阶段,先从简单的实现开始,然后再逐步复杂化。不要试图一气呵成,完成整个程序。这样错误会更容易被找到并且被修复。

现在代码大概如下所示:

```
"""silly_sentencer.py
This program prints silly sentences by mapping random words
into a formatting template
Brendan Scott
Jan 2015
"""

BASE_SENTENCE = "My Python teacher wrote the Python book."
template = "%s %s the %s %s."

persons = ["My Python teacher"]
verbs = ["wrote"]
adjectives = ["Python"]
nouns = ["book"]
```

接下来开始测试,确保列表中的值应用到模板中后,能够给出最基本的句子结构。

1.　创建一个 Main 代码段。

2.　添加以下代码,并运行这个文件。

这段代码创建了一个新的元组,该元组从每个列表取第一个值作为其元素。将这个元组传递给格式化字符串,最后输出语句,比较格式化字符串是否和开始的一样:

```
# Main Section
if __name__ == "__main__":
    person = persons[0]
    verb = verbs[0]
    adjective = adjectives[0]
    noun = nouns[0]

    format_values = (person, verb, adjective, noun)

    print(BASE_SENTENCE)
    print(template%format_values)
    print(BASE_SENTENCE == template%format_values)
```

你会得到这样的结果：

```
>>> ================================ RESTART
================================
>>>
My Python teacher wrote the Python book.
My Python teacher wrote the Python book.
True
```

Spam（垃圾邮件）

Spam（午餐肉）是一种罐装肉，spam 在 Monty Python（巨蟒剧团）中也有一段滑稽的故事，故事里，男人和女人想要一小杯咖啡和一些吃的，女人不喜欢 spam（午餐肉），但是菜单上的所有东西都含有 spam（午餐肉）。

Vikings 一家坐在另一桌（是的，是 Vikings 一家），他们开始唱一首关于 spam（午餐肉）有多好的歌。这也就是为什么哑变量在 Python 中也叫 spam（还有火腿和鸡蛋），这也就是为什么你不想要的邮件也称为 spam（垃圾邮件）。

填充模板

为了填充模板，需要在每个列表中随机选择一个元素，由于目前每个列表中只有一个元素，所以这并不是真的随机。然而，你可以先用只有一个元素的列表来测试，然后再向列表中添加其他的元素。有了这个，就可以重复使用已有的代码，使用选择出来的单词去填充模板。

实现从列表中随机选择元素的功能比较容易。使用 random 模块的 choice 方法即可。在这个例子中，我使用列表推导生成了一个 0~9 的数字列表，使用 random.choice 方法在列表中随机选择一个数。

```
>>> import random
>>> sample_list = [x for x in range(10)]
>>> random.choice(sample_list)
1
```

现在，把所有内容合并到你的代码中。

1. 删除或注释打印语句以及其他为了测试而使用的代码。

2. 替换代码中每一处类似 person = persons[0] 的，换成类似 person = random.
choice (persons)。

3. 使用元组作为格式化值。

4. 打印出基础句子用于比较，打印出用格式化值格式化后的模板。

代码如下：

```
"""silly_sentencer.py
This program prints silly sentences by mapping random words
into a formatting template
Brendan Scott
Jan 2015
"""
# Imports Section
import random

# Constants Section
BASE_SENTENCE= "My Python teacher wrote the Python book."
template = "%s %s the %s %s."

persons = ["My Python teacher"]
verbs = ["wrote"]
adjectives = ["Python"]
nouns = ["book"]


# Main Section
if __name__ == "__main__":
    person = random.choice(persons)
    verb = random.choice(verbs)
    adjective = random.choice(adjectives)
    noun = random.choice(nouns)

    format_values = (person, verb, adjective, noun)

    print(BASE_SENTENCE)
    print(template%format_values)
```

5. 运行程序。

测试这段代码是否能正常运行。

```
>>> ============================== RESTART
==============================
>>>
My Python teacher wrote the Python book.
My Python teacher wrote the Python book.
```

输出结果看起来符合预期，第一行是初始的字符串，第二行是你用格式化模板创造的字符串。

添加更多的单词

现在有灵感了吧，对于现有的每个列表，可以想想还有哪些其他单词可以放在相应的列表里，因为你的程序还没有处理过列表中有多于一个元素的情况，所以只需要先在某个特定列表中添加元素，而不是一下将所有的列表都填充完毕。

你选择的其他单词，必须符合以下条件：

- 必须和初始单词的类型一致。例如：对于"人"这个列表，你可以添加匈牙利人；对于"形容词"这个列表，可以添加滑稽的，但是你不能将两者颠倒。否则的话，这个句子没有任何含义："滑稽的是匈牙利人"。

- 应该添加单一的单词，可以是复数。例如：Pepperpot 夫人或者匈牙利人。

- 不应该是代词：他、她、它、我们、他们。

这里有一些其他单词的示例供你参考：

```
persons = ["My Python teacher", "Dinsdale Piranha", "Tim", "Mrs
            Pepperpot", "My dad", "The Hungarian"]
verbs = ["wrote", "sneezed", "looked at", "drove", "made", "stole"]
adjectives = ["Python", "slippery", "funniest", "big", "smelly",
            "poky", "silly"]
nouns = ["book", "eels", "hovercraft", "nose", "shoes", "joke",
            "walk"]
```

长列表可以分成多行书写（就像上面的示例那样）。

可以在任意逗号后另起一行。

当列举完所有想添加的元素时，用右方括号来结束这个列表（而且不能再添加逗号）。

运行几次这个代码，看看程序是否能正常运行（我将重启命令从输出中移除了）。

```
Mrs Pepperpot looked at the big eels.
My dad sneezed the funniest shoes.
Dinsdale Piranha wrote the Python book.
Dinsdale Piranha wrote the silly nose.
```

```
Tim made the Python shoes.
My dad made the Python walk.
My Python teacher drove the slippery joke.
Tim wrote the Python shoes.
```

结果看起来一切都很正常，这个函数有点难测试，因为输出结果是随机的（与加法运算不同，你知道加法运算的答案应该是怎样的）。

如果觉得满意了，就可以完善所有单词列表了。如果你愿意，也可以把整个代码放入一个循环中，这样每次运行程序时就可以打印多个语句了。

完整的代码

如果你将这些更改添加到以前的代码中，将会得到最终的代码。代码如下：

```python
"""silly_sentencer.py
This program prints silly sentences by mapping random words
into a formatting template
Brendan Scott
Jan 2015
"""

# Imports Section
import random

# Constants Section
BASE_SENTENCE = "My Python teacher wrote the Python book."
template = "%s %s the %s %s."
persons = ["My Python teacher", "Dinsdale Piranha", "Tim", "Mrs
            Pepperpot", "My dad", "The Hungarian"]
verbs = ["wrote", "sneezed", "looked at", "drove", "made", "stole"]
adjectives = ["Python", "slippery", "funniest", "big", "smelly",
            "poky", "silly"]
nouns = ["book", "eels", "hovercraft", "nose", "shoes", "joke",
            "walk"]


# Main Section
if __name__ == "__main__":
    person = random.choice(persons)
    verb = random.choice(verbs)
    adjective = random.choice(adjectives)
    noun = random.choice(nouns)

    format_values = (person, verb, adjective, noun)
```

```
##    print(BASE_SENTENCE)
   print(template%format_values)
```

总结

通过本章的练习，你使用 Python 的格式化操作符 % 完成了创造无厘头的句子。通过这种方式，你可以学到：

- ✔ 格式化字符串、格式化操作符、格式化值以及转换说明符。
- ✔ 了解了字符串转换说明符：%s。
- ✔ 一种新的数据类型——immutable（不可变）的元组。
- ✔ 元组存储数据是有顺序的，可以从函数中返回多个值，并且支持解包：a, b = (1,2)。
- ✔ 用到了 random.choice() 函数，以及如何使用这个函数随机获取列表元素。

第4周

学习面向对象编程

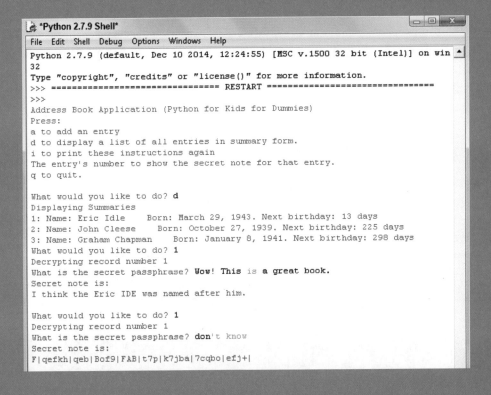

```
*Python 2.7.9 Shell*                                                    □ X
File  Edit  Shell  Debug  Options  Windows  Help
Python 2.7.9 (default, Dec 10 2014, 12:24:55) [MSC v.1500 32 bit (Intel)] on win
32
Type "copyright", "credits" or "license()" for more information.
>>> ================================ RESTART ================================
>>>
Address Book Application (Python for Kids for Dummies)
Press:
a to add an entry
d to display a list of all entries in summary form.
i to print these instructions again
The entry's number to show the secret note for that entry.
q to quit.

What would you like to do? d
Displaying Summaries
1: Name: Eric Idle     Born: March 29, 1943. Next birthday: 13 days
2: Name: John Cleese     Born: October 27, 1939. Next birthday: 225 days
3: Name: Graham Chapman     Born: January 8, 1941. Next birthday: 298 days
What would you like to do? 1
Decrypting record number 1
What is the secret passphrase? Wow! This is a great book.
Secret note is:
I think the Eric IDE was named after him.

What would you like to do? 1
Decrypting record number 1
What is the secret passphrase? don't know
Secret note is:
F|qefkh|qeb|Bof9|FAB|t7p|k7jba|7cqbo|efj+|
```

这一部分里……

第9章
地 址 簿

在本章中，我们会创建一个简单的地址簿程序，它将会存储朋友的名字、邮件地址和生日，或者存储一帮朋友的名字、邮件地址和生日。不过你也知道，有的人喜欢保持密切的联系，所以也可以扩展地址簿，让它包含任何你想要记录的信息。比如，他们是否把你最喜欢的书借走了，或者午饭钱没有还之类的信息。

```
Python 2.7.9 (default, Dec 10 2014, 12:24:55) [MSC v.1500 32 bit (Intel)] on win
32
Type "copyright", "credits" or "license()" for more information.
>>> ============================== RESTART ==============================
>>>
Address Book Application (Python for Kids for Dummies)
Press:
a to add an entry
d to display a list of all entries in summary form.
i to print these instructions again
The entry's number to show the secret note for that entry.
q to quit.

What would you like to do? d
Displaying Summaries
1: Name: Eric Idle     Born: March 29, 1943. Next birthday: 13 days
2: Name: John Cleese     Born: October 27, 1939. Next birthday: 225 days
3: Name: Graham Chapman     Born: January 8, 1941. Next birthday: 298 days
What would you like to do? 1
Decrypting record number 1
What is the secret passphrase? Wow! This is a great book.
Secret note is:
I think the Eric IDE was named after him.

What would you like to do? 1
Decrypting record number 1
What is the secret passphrase? don't know
Secret note is:
F|qefkh|qeb|Bof9|FAB|t7p|k7jba|7cqbo|efj+|

What would you like to do? |
```

我们将地址簿中的信息放到一起，创建对应的对象，将它们称为类。这些自定义（你创建的）的对象是 Python 工作的基础。在本章中，你还可以学习如何将自己的数据存储到文件中，之后就可以载入自己保存的信息了。

第一个类对象

地址簿有很多独立的条目。尽管条目的名称不同，但每个条目的结构都很类似。接下来，你将使用 Python 中的关键字 class 创建自定义的各种 Python 对象（称之为类），这些对象可以在地址簿的条目中重复使用。

类是面向对象编程（*OOP*）中的一部分。OOP 包含一组数据和对应的函数。

你需要了解自定义对象（你自己创建的对象），才能看明白 dummies 网站上 pythonforkids 这个项目。

当你创建了一个字符串的时候，Python 会为你提供一系列与之相关的方法。当你编写一个函数的时候，Python 就会显示帮助文档。接下来，需要你忙活一阵，创建自己的类。

Python 对象分为两部分：

- 类声明，帮助你创建类对象。（每个对象都称之为类的*实例*）。创建一个名为 instantiation 的实例。类就像是创建实例的工厂。实例基本上就是对应类的副本，但并不是类的克隆体，因为你并不需要制作更多的类的副本。

- 类声明的实例。我们可以像使用模版一样创建类的实例。当你使用一个类定义的时候，你创建的对象（instantiate 是计算机术语）就称之为类的实例。

创建一个类

地址簿项目用了两个类：

- 一个类用来表示地址簿。它仅有一个实例。

- 一个类用来表示地址条目。每个人的详细地址信息将会存储在这个类的每个实例中。

创建一个类与创建一个函数很类似：

1. 为类起一个名字。

使用首字母大写的方式（通过 PEP8 来约定）。如果类名由两个或者多个单词组成，使用 CapsWords 表示新单词（不要在两个单词之间插入空格，但是要将每个单词的首字母都大写）。

2. 输入如下代码：

```
class <the class name you've chosen>(object):
```

'(object)' 的意思是这个类的参数是一个对象，或者说从 object 继承的对象。类的实例非常重要，但是你现在不用知道过多的细节。除非我在其他位置提起，包括 class 声明中的 '(object)' 参数。

3. 为类添加说明文档。

说明文档开启了一个新代码块，所以需要缩进。

4. 空一行，然后缩进，将与类相关的代码写在新行里。

现在，类中没有任何代码，所以我们放一个关键字 pass（实际上不写这个关键字也行，因为我们已经写了文档字符串）。

上面的步骤也是创建 AddressEntry 类的主要步骤。到现在为止，我们都是在 IDLE Shell 窗口中操作，所以你可以直接与实例进行互动：

```
>>> class AddressEntry(object):
        """
        AddressEntry instances hold and manage details of a person
        """
        pass

>>> AddressEntry # without parentheses
<class '__main__.AddressEntry'>
>>>
```

当你在 pass 语句后按下两次回车键之后，就已经创建好了这个类。如果你输入类的名字却没有输入圆括号，Python 会认为这是一个类，它是 __main__ 的一部分，名字为 AddressEntry。

创建一个实例

在类名称后面添加一对圆括号就可以创建一个类的实例（就像调用一个函数一样）。它会创建 AddressEntry 类的实例，但是却不会存储：

```
>>> AddressEntry() # parentheses create an instance
<__main__.AddressEntry object at 0x7f9309751590>
```

一般情况下，你需要选择一个变量来保存类的实例，然后像下面这样给变量赋值：

```
>>> address_entry = AddressEntry()
```

注意实例不同的命名规则：

✔ 当作为实例在左边的时候，变量名小写，各个单词之间用下划线分隔。

✔ 当作为类在右边的时候，变量名要首字母大写，且单词之间没有分隔。

实例名使用小写，类名使用首字母大写能有效地帮助你区分实例（address_entry）和类（AddressEntry）。

同样需要注意，Python 描述对象的方法有些不同：

```
AddressEntry: <class '__main__.AddressEntry'>
address_entry: <__main__.AddressEntry object at 0x7f9309751590>
```

在每个对象上调用 dir 方法，查看它的基本属性。

创建类和实例属性

在其他章中，我曾经让你查看对象的属性都有什么。你自定义的类也应该有属性。

我们可以使用点号语法来创建类或者实例的属性，就像使用类的方法一样。比如说，在第 6 章中，我们使用 my_message.upper() 访问 my_message 对象的 upper 方法。我们使用这种点号语法为你想要赋值的属性赋值。

下面是一个关于 class_attribute 和 instatnce_attribute 属性创建的例子，例子中还对这两个字符串赋值：

```
>>> AddressEntry.class_attribute = "This is a class attribute"
>>> address_entry.instance_attribute = "This is an instance attribute"
>>> AddressEntry.class_attribute
'This is a class attribute'
>>> address_entry.instance_attribute
'This is an instance attribute'
```

接下来，可能会让你大吃一惊：

```
>>> address_entry.class_attribute
'This is a class attribute'
```

这个实例继承了类的属性——即使这个实例在属性创建之前已经存在了（在这一小节之前创建的实例）。不过，类并没有继承实例的属性（如果不相信，可以使用 dir 检查）。

当 Python 访问属性的时候，它会在需要的时候用一种特定的顺序查找这些属性。这就是为什么实例继承了类的新属性，即使新属性是在这个实例创建之后，但是类没有继承实例的新属性。现在我不想解释为什么，但是之后会告诉你原因。

你可能想要创建一个类，这个类的实例属性带有默认值。不过，这些值都仅仅是默认值，后面你可能还会修改它们（基本不会修改方法，但是后面能看到修改方法的例子）。

创建一个新实例（address_entry2），然后将属性名字改为 class_attribute。

如果实例将类的属性赋予一个新值，我们称这个实例重写了类的属性：

```
>>> address_entry2 = AddressEntry()
>>> address_entry2.class_attribute = "An overridden class attribute"
>>> address_entry2.class_attribute
'An overridden class attribute'
>>> AddressEntry.class_attribute
'This is a class attribute'
```

上面代码仅重写了这个实例中的属性。类和其他实例中的属性并没有发生更改。

规划地址簿

地址簿中将会存储这些信息：

- 姓氏。
- 名字。
- 邮件地址。
- 生日。

你也可以添加一些其他信息，比如说私人备注、kik（手机通讯录的社交软件）、Skype（网络电话）以及 Twitter（微博客）账户，他们和谁是朋友关系，哪些人之间有关系。

创建文件并添加一个类

这一步要做的工作有：

1. 创建一个新文件！

不好意思，这句话已经说过很多遍了。我们把这个文件命名为 address_book.py 如何？

2. 写一个模块文档告诉大家它是一个地址簿应用程序。

3. 添加一个 #### Classes 代码段。

4. 在 Classes 代码段中，创建一个新类，名为 AddressBook。

这个类存储了地址簿的主要信息，记得添加文档说明。

创建类的方法与创建函数的方法类似。使用 AddressEntry 的代码，不过记得更改为对应的名字和文档说明。

5. 在 Classes 代码段中，为 AddressEntry 复制代码。

6. 创建一个 ##### Main 代码段。

7. 在 Main 代码段中，创建一个 main 代码段并为每个类创建一个实例。

为每个变量选择一个名称存储对应的值。

你是否得到了如下所示的信息：

```
"""
Addressbook.py
An address book program to store details of people I know.
Stuff I'm storing is:
first name
family name
email address
date of birth
[other stuff]

Brendan Scott
Feb 2015

"""

##### Classes Section
class AddressBook(object):
    """
    AddressBook instances hold and manage a list of people
    """
    pass

class AddressEntry(object):
    """
    AddressEntry instances hold and manage details of a person
    """


##### Main Section

if __name__ == "__main__":
    address_book = AddressBook()
    person1 = AddressEntry()
```

运行程序的时候，你不会看到任何输出（没有消息就是最好的消息），但是会创建类和每个类对应的实例。

添加第一条信息

你可以像为任意对象赋值一样为实例创建属性和对应的值。

比如说，可以像下面这样为一个人创建对应的条目。这段代码承接之前在 IDLE Shell 窗口中写的代码：

```
>>> person1 = AddressEntry()# creates the entry
>>> person1.first_name = "Eric" # sets the first name etc.
>>> person1.family_name = "Idle"
>>> person1.date_of_birth = "March 29, 1943"
>>> person1.email_address = None
```

Python 为你提供了一种方法，可以在创建实例的时候提高实例初始化的效率。在类中创建一个名为 __init__ 的方法。每当实例创建的时候就会调用这个方法，所以它可以初始化实例中的值。

由于历史原因，__init__ 被称作构造方法而不是初始化程序。在面向对象编程中，构造函数的作用是初始化一个新对象。

正如你所知，方法是对象中的一个函数。为了让自定义类包含一个 __init__ 方法，你需要在类的代码块中添加一个名为 __init__() 的函数。

下面是你需要了解的内容：

- ✔ 我们不需要苦思冥想一个名称，因为名称是固定的，就是 __init__，没有选择。
- ✔ 不像常规函数那样必须定义至少一个参数。通常第一个参数都是 self，如果你想使用值初始化属性——也就是说，当类实例化后，你需要配置一些初始值——将这些值作为参数传入，然后赋给对应的属性。

下面是 AddressEntry 类的示例代码。在创建类实例的时候，主要工作就是填写姓名、邮件地址和生日。所以在定义语句中添加一个虚设参数：

```
class AddressEntry(object):
    """
    AddressEntry instances hold and manage details of a person
    """
    def __init__(self, first_name=None, family_name=None,
                 email_address=None, date_of_birth=None):
        """Initialize attributes first_name,
        family_name and date_of_birth.
        Each argument should be a string.
        date_of_birth should be of the form "MM DD, YYYY"
```

```
"""
        self.first_name = first_name
        self.family_name = family_name
        self.email_address = email_address
        self.date_of_birth = date_of_birth
```

使用 def 关键字定义 __init__ 方法。它包含一个函数需要的参数列表。这些参数采用默认值（除了 self——等下我会告诉你关于 self 的知识）。

请注意缩进。__init__ 方法是类代码块中的一部分，所以这个方法中的每一行都要比函数定义部分缩进一层，就像函数体中代码的缩进一样。

在这里我添加了注释代码，因为你可能需要。有的时候我比较懒惰，不会为 __init__ 方法写注释。

这个方法的最后没有 return 语句。因为这个方法并不需要一个 return 语句。在这个例子中，我们给 self（传入方法的第一个参数）对象的大部分属性都赋了值。回想一下上一小节的内容。你通过这样的方式创建了一个名为 first_name 的属性：person1.first_name = "Eric"。当你写下构造方法（__init__），它就是类定义的一部分了。定义构造方法的时间要早于实例创建的时间。

使用 self

使用 self 作为接收对象实例的引用是一种约定。虽然也可以使用别的名字，但是不要这样做。使用 self 可以让你的代码更易读。而且，如果你使用其他名字，那么你的 Python 小伙伴将不会邀请你参加他们的聚会。

你无法在 __init__ 中使用实例的名字创建一个属性。而且，无法选择任何特定实例的名字，因为这样会让其他实例出错。这也就是我们要引入 self 的原因。

当你为类创建任何方法的时候，Python 都会将第一个参数设置为类自身。也就是说，你不需要知道实例的名称，只要知道这个虚拟变量的名字引用了这个类即可。在这里，虚拟变量的名字就是 self。当你实例化一个类的时候，类的实例就会传入 __init__。

使用 __init__ 实例化一个类

是时候使用新方法来创建一个实例了。

1. 更新 AddressEntry 类，让其包含 __init__ 方法。

2. 在 Main 代码段中，像下面这样创建一个类的实例：

```
person1 = AddressEntry("Eric", "Idle", None, "March 29, 1943" )
```

3. 添加一行，在 Main 代码段中打印 person1。

现在 Classes 代码段和 Main 代码段如下所示：

```
##### Classes Section
class AddressBook(object):
    """
    AddressBook instances hold and manage a list of people
    """
    pass


class AddressEntry(object):
    """
    AddressEntry instances hold and manage details of a person
    """
    def __init__(self, first_name=None, family_name=None,
                 email_address=None, date_of_birth=None):
        """Initialize attributes first_name,
        family_name and date_of_birth.
        Each argument should be a string.
        date_of_birth should be of the form "MM DD, YYYY"
        """
        self.first_name = first_name
        self.family_name = family_name
        self.email_address = email_address
        self.date_of_birth = date_of_birth


##### Main Section

if __name__ == "__main__":
    address_book = AddressBook()
    person1 = AddressEntry("Eric", "Idle", None, "March 29, 1943")
    print(person1)
```

运行这段代码，你将会得到类似于 <__main__.AddressEntry object at 0x7f6225c9cc10> 这样枯燥的输出。这是因为 Python 并不知道如何打印自定义对象。Python 无法区分对象中哪些信息很重要需要打印，哪些不重要不需要打印，或者你想打印全部信息还是仅仅是总结信息。所以 Python 采取了最简单的方式，打印了它在内存中存储的内容。

如何知道初始化功能是否正常？现在你还无法知道。打印 AddressEntry 实例的细节是你下一个要解决的问题。

创建一个打印实例的函数

你需要一个函数打印 AddressEntry 实例，这样就可以检查初始化功能是否正常。

步骤如下所示：

1. 在 ##### Main 代码段之前，添加一个 ##### Functions 代码段。

2. 创建一个名为 __repr__() 的函数，它带有一个参数。

这个参数是 AddressEntry 的一个实例，它会打印出这个实例的属性。现在将这个参数称为 self，你能知道为什么称它为 self 吗？（提示：后面它是一个方法。）

3. 在这个函数中，使用 %s 格式说明符创建一个如下的模板：

```
template = "AddressEntry(first_name='%s', "+\
           "family_name='%s',"+\
           " email_address='%s', "+\
           "date_of_birth='%s')"
```

4. 返回的模板给 AddressEntry 中对应的属性都赋了值，放在一个元组（self. first_name, self.family_name, self.email_address, self.date_of_birth）中。

使用模板格式化。

5. 在 Main 代码段中再添加一行 print(__repr__(person1))。

Classes 代码段并不会更改。对于新的 Functions 代码段和 Main 代码段的代码最终如下所示：

```
##### Functions Section
def __repr__(self):
    """
    Given an AddressEntry object self return
    a readable string representation
    """
    template = "AddressEntry(first_name='%s', "+\
               "family_name='%s',"+\
               " email_address='%s', "+\
               "date_of_birth='%s')"
    return template%(self.first_name, self.family_name,
                     self.email_address, self.date_of_birth)

##### Main Section

if __name__ == "__main__":
    address_book = AddressBook()
    person1 = AddressEntry("Eric", "Idle", None, "March 29, 1943")
    print(person1)
    print(__repr__(person1))
```

当你运行代码的时候，将会得到一行如下的输出：

```
<__main__.AddressEntry object at 0x2772d50>
AddressEntry(first_name='Eric', family_name='Idle',
email_address='None', date_of_birth='March 29, 1943')
```

第一行是 print（person1）的输出。第 2～3 行的输出来源于 __repr__() 函数。我们需要注意以下两件事：

- ✔ 每个属性的值都是正确的（从技术角度上讲，'None' 应该是不带引号的 None，但是这样做的成本太大，不合适）。这也就是说，__init__() 函数正确初始化了类中的属性。
- ✔ 输出的内容（除了 None）非常适合复制粘贴，创建一个新的 AddressEntry。

使用魔术方法 __repr__

你明白为什么要使用 self 了吗？在第 4 章（还记得这章的内容吗？）我曾经说过，以 __ 开头的函数在 Python 中都有特别的用途，__repr__ 就是其中的一个。

当 Python 打印一个对象的时候，调用的函数就是 __repr__ 方法。

如果在 AddressEntry 实例上执行 dir 方法，就会发现存在一个 __repr__ 方法。也就是打印出 <__main__.AddressEntry objectat 0x2772d50> 的方法。如果重写这个方法，那么在 print() 函数的时候，就会调用这个方法。

让我们抓紧行动，在 Main 代码段前面的 Funcitons 代码段添加如下代码，这里为什么没有加括号？

```
AddressEntry.__repr__ = __repr__
```

再次运行代码，会得到如下输出：

```
AddressEntry(first_name='Eric', family_name='Idle',
email_address='None', date_of_birth='March 29, 1943')
AddressEntry(first_name='Eric', family_name='Idle',
email_address='None', date_of_birth='March 29, 1943')
```

输出内容很神奇是不是？继续向下看，你就知道为什么了。

我们使用 AddressEntry.__repr__ = __repr__ 语句替换了 Python 在创建时提供的默认 __repr__ 方法（它从继承的 Object 对象中获得这个方法）。现在，要使用新的 __repr__ 方法打印像 person1 这样的实例，只需要输入 print（person1）。

代码 AddressEntry.__repr__ = __repr__ 是一个补救做法。更恰当的做法是将 __repr__ 代码放到类定义中作为一个新方法：

1. 将 __repr__() 函数剪切出来，复制到 __init__ 方法下面，记得缩进一层。

2. 删除代码 AddressEntry.__repr__ = __repr__。

现在 Functions 代码段应该是空的。

3. 删除 print(__repr__(person1)) 这一行。

已经不需要这行代码了，因为移除 __repr__ 之后，这行代码不再生效。

下面是 AddressEntry 类的新代码，Functions（空）代码段和 Main 代码段：

```python
class AddressEntry(object):
    """
    AddressEntry instances hold and manage details of a person
    """
    def __init__(self, first_name=None, family_name=None,
                 email_address=None, date_of_birth=None):
        """initialize attributes first_name, family_name
            and date_of_birth
        each argument should be a string
        date_of_birth should be of the form "MM DD, YYYY"
        """
        self.first_name = first_name
        self.family_name = family_name
        self.email_address = email_address
        self.date_of_birth = date_of_birth

    def __repr__(self):
        """
        Given an AddressEntry object self return
        a readable string representation
        """
        template = "AddressEntry(first_name='%s', "+\
                "family_name='%s',"+\
                " email_address='%s', "+\
                "date_of_birth='%s')"
        return template%(self.first_name, self.family_name,
                    self.email_address, self.date_of_birth)


##### Functions Section

##### Main Section

if __name__ == "__main__":
    address_book = AddressBook()
    person1 = AddressEntry("Eric", "Idle", None, "March 29, 1943")
    print(person1)
```

初始化 AddressBook 实例

现在 AddressBook 类仅仅是个占位符。它是存储人员列表的。现在是时候向 AddressBook 中添加一些信息了。下面是向 AddressBook 中添加 AddressEntry 实例的步骤：

1. 删除 AddressBook 类中的 pass 语句。

2. 创建一个 __init__ 方法。

它仅需 self 一个参数。

3. 编写函数文档。

4. 将属性 people 设置为一个空列表。

5. 在 AddressBook 类中添加一个名为 add_entry 的方法。

6. 这个函数有两个参数——self 和 new_entry。

7. 为这个函数编写文档注释。它的功能是将 new_entry 添加到列表 people 中。

8. 使用 self.people.append（new_entry）添加新条目。

9. 在 Main 代码段中，添加代码 address_book.add_entry(person1)。然后，添加代码 print（address_book.people）。

AddressEntry 的代码并不会改变。现在，我们的代码包括新的 AddressBook 和 Main 代码段，就像下面这样：

```
"""
Addressbook.py
An address book program to store details of people I know.
Stuff I'm storing is:
first name
family name
email address
date of birth
[other stuff]

Brendan Scott
Feb 2015

"""

##### Classes Section
class AddressBook(object):
    """
    AddressBook instances hold and manage a list of people
```

```
                """
        def __init__(self):
            """ Set people attribute to an empty list"""
            self.people = []

        def add_entry(self, new_entry):
            """ Add a new entry to the list of people in the
            address book the new_entry should be an instance
            of the AddressEntry class"""
            self.people.append(new_entry)

    class AddressEntry(object):
        """
        AddressEntry instances hold and manage details of a person
        """
        def __init__(self, first_name=None, family_nameNone,
                     email_address=None, date_of_birth=None):
            """Initialize attributes first_name,
            family_name and date_of_birth.
            Each argument should be a string.
            date_of_birth should be of the form "MM DD, YYYY"
            """
            self.first_name = first_name
            self.family_name = family_name
            self.email_address = email_address
            self.date_of_birth = date_of_birth

        def __repr__(self):
            """
            Given an AddressEntry object self return
            a readable string representation
            """
            template = "AddressEntry(first_name='%s', "+\
                       "family_name='%s'," +\
                       " email_address='%s', "+\
                       "date_of_birth='%s')"
            return template%(self.first_name, self.family_name,
                             self.email_address, self.date_of_birth)

    ##### Functions Section

    ##### Main Section

    if __name__ == "__main__":
        address_book = AddressBook()
        person1 = AddressEntry("Eric", "Idle", None, "March 29, 1943")
        print(person1)
        address_book.add_entry(person1)
        print(address_book.people)
```

当你运行这段代码的时候，就会得到如下输出：

```
AddressEntry(first_name='Eric', family_name='Idle',
email_address='None', date_of_birth='March 29, 1943')
[AddressEntry(first_name='Eric', family_name='Idle',
email_address='None', date_of_birth='March 29, 1943')]
```

第 3~4 行是 people 列表（注意 [ ]），它包含一个条目——person1。这里 Python 的工作原理很神奇，当它打印 person1 的时候就会调用 __repr__。如果你愿意，也可以为 AddressBook 创建一个 __repr__ 方法，但并不是必须这样做。

发现 pickle 的力量

为了保存地址簿，你需要将它的内容写入一个文件。下面将要展示 pickle 的力量！（在后台，有个声音在呼喊："请用 pickle 的力量救救我！"）

导入 pickle 模块，并使用它的 dump 方法。它需要一个打开的文件（如果忘记了如何打开一个文件，那么请回到第 7 章复习一下）。

下面是一个例子：

```
>>> import pickle
>>> FILENAME = "p4k_test.pickle"
>>> dummy_list = [x*2 for x in range(10)]
>>> dummy_list # confirm what it looks like
[0, 2, 4, 6, 8, 10, 12, 14, 16, 18]
>>> with open(FILENAME,'w') as file_object: #now dump it!
        pickle.dump(dummy_list,file_object)

>>> # open the raw file to look at what was written
>>> with open(FILENAME,'r') as file_object: # change w to r!!!
        print(file_object.read())


(lp0
I0
aI2
aI4
aI6
aI8
aI10
aI12
aI14
aI16
aI18
a.
```

你创建了一个名为 dummy_list 的列表对象，然后将它存入 p4k_test.pickle 文件中。

打开文件查看其中的内容，你会发现里面基本都是乱码，不过你可以感受到初始的列表隐藏在其中。

pickle 模块用于"创建 Python 对象的持久化存储"（引用于模块说明）。虽然用起来简单，但是解释起来却很难。Python 在计算机内存中存储了 Python 对象。它的存储方式，某种程度上来说，是由你所使用的操作系统决定。为了将对象从一个位置转移到另外一个位置，它需要用一种与系统无关的方式表示这些对象。

一般来说，我们将这个过程称之为*序列化*，准备数据，让其可以被保存或者被发送。Python 的 pickle 模块通常允许你将 Python 对象保存到一个文件中，这样其他 Python 程序就可以通过读取这个文件创建一份对象的新副本。

Python 也无法将任意对象打包，它只能打包那些可哈希的对象。如果对象有 __hash__() 方法，并且有 __eq__() 或者 __cmp__() 方法中的一个，那么它就是可以哈希的。当你想要打包复杂对象的时候，你就需要另外寻找解决方案。

是时候证明你可以重新创建原始对象了，完全关闭 IDLE，然后重启：

```
Python 2.7.3 (default, Apr 14 2012, 08:58:41) [GCC] on linux2
Type "copyright", "credits" or "license()" for more information.
>>> import pickle
>>> FILENAME = "p4k_test.pickle"
>>> with open(FILENAME,'r') as file_object:
        dummy_copy = pickle.load(file_object)


>>> dummy_copy
[0, 2, 4, 6, 8, 10, 12, 14, 16, 18]
```

看，这个对象与你打包之前一样。当你关闭 IDLE 时，它会将对象保存在 p4k_test.pickle 中。

想要使用 pickle 模块保存名为 variable_name 的对象，需要参照以下步骤：

1. 为想要存储数据的文件起名字。

如果每次存储都使用同样的文件名（否则，比如说用户每次保存选择一个不同的文件名），就将这个名字保存为常量。

2. 使用 'w' 属性打开文件，然后将对象存储到 open 返回的文件对象中。

with 关键字能帮你解决很多问题：with open（FILENAME，'w'）as file_object：我建议你使用 'w' 属性，这样就可以总是使用新对象的副本覆盖保存的文件。你也可以使用附加属性（'a'）向已经存在的文件中添加更多的对象，但是我这里并不打算这么做。

3. 调用 pickle.dump（file_object, variable_name）。

使用 pickle 模块载入一个对象：

1. 获得存储数据的文件名。

2. 使用 'r' 属性打开文件，然后将对象存储到 open 返回的文件对象中。

使用关键字可以帮助你完成很多工作：with open（FILENAME, 'r'）as file_object：

3. 调用 pickle 的 load 方法，然后将返回值赋给一个变量：

```
variable_name = pickle.load(file_object).
```

你可以自定义 pickle 模块。另外一个模块，cPickle 则无法自定义，但是存取速度比 pickle 快很多。

之后请在程序中使用 cPickle。在代码中通常习惯引用 pickle 模块，即使你使用的是 cPickle 模块。使用别名导入一个 cPickle 模块——import cPickle as pickle 的意思是，当在代码中看到 pickle 的时候，就会引用 cPickle。比如说，如果你添加了代码 import random as crazy，那么就可以使用 crazy.randint 方法。

pickle 模块神奇的压缩能力包含安全风险。如果有人引诱你运行了他们制作的 pickle.load()，那么他们就能在你的计算机上运行代码。不要 unpickle 任何并不是你的 pickle 的内容，除非你完全信任它，相信没有人会破坏它。当你将技术提升到更高一级时，就会了解不要通过网络在 pickle 文件中接收数据。

添加一个 save() 函数

在文件中添加一个 save() 函数相当简单，尽管测试有些难。因为你仅仅是将实例 dump 到文件中。

当你在编写一个更加复杂的程序时，需要包含另外一段代码，它的功能是让用户可以选择保存地址簿文件的名字。

对于这种项目，文件名很难硬写到代码中：

1. 添加一个 Imports 代码段和一个 Constants 代码段。

2. 输入 import cPickle as pickle。

3. 在 Constants 代码段中输入：

```
SAVE_FILE_NAME = "address_book.pickle"
```

4. 在 AddressBook 类中，添加一个名为 save 的方法。

5. 在 save 方法中，添加如下代码：

```
with open(SAVE_FILE_NAME,'w') as file_object:
    pickle.dump(self, file_object)
```

6. 在 Testing 代码段，输入 address_book.save()。

新的 Imports 代码段和 Constants 代码段看起来如下所示：

```
#### Imports
import cPickle as pickle

#### Constants
SAVE_FILE_NAME = "address_book.pickle"
```

下面是添加到 AddressBook 类中的 save 方法：

```
def save(self):
    with open(SAVE_FILE_NAME, 'w') as file_object:
        pickle.dump(self, file_object)
```

将下面这行添加到 Main 代码段：

```
address_book.save()
```

在同一个应用程序中载入一个已保存的 pickle

当你编写保存 AddressBook 实例的代码时，需要将它作为类的一个方法。表面上看，它保存了自身，不过这里有一个潜在的问题。一个对象无法载入自己，因为在对象载入之前它并不存在（请将我从这个死循环中解放出来）。现在面对的问题就是：将载入对象的代码放到哪里。

我建议你创建另外一个类来控制程序流的工作，管理用户和 AddressBook 实例之间的通信。这将允许你在 AddressBook 实例之外工作，并能更自然地引用 AddressBook。

创建一个 Controller 类

按照下面的步骤创建一个 Controller 类：

1. 创建一个名为 Controller 的新类的定义：

```
class Controller(object):
```

2. 添加函数注释，随便写。

3. 为它提供一个构造方法：def __init__(self)。

4. 在那个方法中，创建一个 AddressBook 类作为 Controller 的一个属性。调用 address_book. self.address_book = AddressBook()。

5. 将其他的初始化代码转入到这个构造函数中：person1 = AddressEntry ("Eric", "Idle","March 29, 1943")。

6. 在类中添加一个 load 方法。

创建的 load 方法应该使用一定的格式从 save 文件中载入一个对象，并替换 Controller 中的 address_book 对象。使用 load 方法的前提是你已经将一个 AddressBook 实例存入了文件中（如果需要，使用命令行保存一份数据）。

```
def load(self):
    """
    Load a pickled address book from the standard save file
    """
    with open(SAVE_FILE_NAME, 'r') as file_object:
        self.address_book = pickle.load(file_object)
```

7. 在 Main 代码段中，创建 Controller 类的一个实例：controller = Controller()。

将这个类命名为 Controller 是因为它控制着地址簿中数据的保存。修改后的代码如下所示：

```
"""
Addressbook.py
An address book program to store details of people I know.
Stuff I'm storing is:
first name
family name
email address
date of birth
[other stuff]

Brendan Scott
Feb 2015

"""
#### Imports
import cPickle as pickle

#### Constants
SAVE_FILE_NAME = "address_book.pickle"

##### Classes Section
class AddressBook(object):
```

```python
    """
    AddressBook instances hold and manage a list of people
    """
    def __init__(self):
        """ Set people attribute to an empty list"""
        self.people = []

    def add_entry(self, new_entry):
        """ Add a new entry to the list of people in the
        address book the new_entry should be an instance
        of the AddressEntry class"""
        self.people.append(new_entry)

    def save(self):
        """ save a copy of self into a pickle file"""
        with open(SAVE_FILE_NAME, 'w') as file_object:
            pickle.dump(self, file_object)
class AddressEntry(object):
    """
    AddressEntry instances hold and manage details of a person
    """
    def __init__(self, first_name=None, family_name=None,
                email_address=None, date_of_birth=None):
        """Initialize attributes first_name,
        family_name and date_of_birth.
        Each argument should be a string.
        date_of_birth should be of the form "MM DD, YYYY"
        """
        self.first_name = first_name
        self.family_name = family_name
        self.email_address = email_address
        self.date_of_birth = date_of_birth

def __repr__(self):
    """
    Given an AddressEntry object self return
    a readable string representation
    """
    template = "AddressEntry(first_name='%s', "+\
                "family_name='%s',"+\
                " email_address='%s', "+\
                "date_of_birth='%s')"
    return template%(self.first_name, self.family_name,
                    self.email_address, self.date_of_birth)

class Controller(object):
    """
    Controller acts as a way of managing the data stored in
    an instance of AddressBook and the user, as well as managing
    loading of stored data
    """
```

```python
    def __init__(self):
        """
        Initialise controller. Look for a saved address book
        If one is found, load it, otherwise create an empty
        address book.
        """
        self.address_book = AddressBook()
        person1 = AddressEntry("Eric", "Idle", "March 29, 1943")
        self.address_book.add_entry(person1)

    def load(self):
        """
        Load a pickled address book from the standard save file
        """
        with open(SAVE_FILE_NAME, 'r') as file_object:
            self.address_book = pickle.load(file_object)

##### Functions Section

##### Main Section

if __name__ == "__main__":
    controller = Controller()
    print(controller.address_book.people)
```

这段代码中值得关注的是我将 address_book 的引用更改为了 self.address_book。它现在是 Controller 实例的一个属性。我还更改了最后的 print() 函数，将 address_book.people 更改为 controller.address_book.people。现在 address_book 是 people 的一个属性，address_book 是 controller 的一个属性。

这是一个两级的属性（对象属性的属性）。属性的层级可以无限多，但是注意不要太多，因为属性太多后面将难以区分。

当你运行这段代码的时候，将会得到如下输出结果：

```
[AddressEntry(first_name='Eric',family_name='Idle',email_address='March 29,1943',
        date_of_birth='None')]
```

这段测试的用途是什么？它能确保 Controller 类所有的引用都能正常运作。注意，这里没有测试 load 方法，因为没有传入控制器。

测试 load 方法

想要测试 load 方法，需要一个已经 pickle 到文件 address_book.pickle 中的对象。在应用程序的最终版本里，你可能想让应用程序运行的时候 load 方法也自动运行。想要做到这一点，文件应该首先检测是否有一个已经保存的文件可以载入。如果有，就载入（如果没有，就什么都不做）。

若要测试一个文件是否存在，可以使用 os.path 模块的 exists 方法。如果向 os.path.exists 传入一个文件路径，这个函数就可以告诉你文件是否存在。测试一下你是否已经保存了一个文件。运行前面代码的时候你应该保存了这个文件。

```
>>> import os.path
>>> SAVE_FILE_NAME = "address_book.pickle"
>>> os.path.exists(SAVE_FILE_NAME)
True
>>> os.path.exists("some other filename that doesn't exist")
False
```

如果 os.path.exists（SAVE_FILE_NAME）的返回值是 False，那就表示出问题了！检查你已经正确输入了 SAVE_FILE_NAME = "address_book.pickle"，并且它在前面代码的 Constants 代码段。如果输入正确，那么在 IDLE Shell 窗口中运行这段代码来保存一个新的副本：

```
>>> from address_book import SAVE_FILE_NAME
>>> from address_book import AddressBook, AddressEntry
>>> person1 = AddressEntry("Eric", "Idle", None, "March 29, 1943")
>>> address_book = AddressBook()
>>> address_book.add_entry(person1)
>>> address_book.save()
>>> import os.path # confirm it's there
>>> os.path.exists(SAVE_FILE_NAME)
True
```

现在，我们将会更新 Controller，这样它在创建的时候就会检查是否有一个已经保存的文件可以载入（如果有，就可以载入保存的文件）：

1. 在 Imports 代码段输入 import os.path。

2. 在 Controller 构造函数的第一行添加 self.address_book = self.load()。

我们马上就要更改 load 方法，如果有一个 save 文件可以载入，那么就会从文件中载入 address_book 并返回。否则就会返回 None。

3. 添加一行代码用于检查 if self.address_book 是否为 None，如果为空，那么就创建一个新的 address_book:self.address_book =AddressBook()。

4. 在 load 方法中，检查文件是否存在:os.path.exists（SAVE_FILE_NAME）。

5. 如果文件存在，那么就更改已经存在的代码，使用 pickle 将对象载入，然后返回已经载入的对象。

否则，返回 None。

现在，Imports 代码段看起来如下所示：

```
#### Imports
import cPickle as pickle
import os.path
```

Controller 代码段看起来如下所示：

```
class Controller(object):
    """
    Controller acts as a way of managing the data stored in
    an instance of AddressBook and the user, as well as managing
    loading of stored data
    """

    def __init__(self):
        """
        Initialize controller. Look for a saved address book
        If one is found,load it, otherwise create an empty
        address book.
        """
        self.address_book = self.load()
        if self.address_book is None:
            self.address_book = AddressBook()

    def load(self):
        """
        Load a pickled address book from the standard save file
        """
        #TODO: Test this method
        if os.path.exists(SAVE_FILE_NAME):
            with open(SAVE_FILE_NAME, 'r') as file_object:
                return pickle.load(file_object)
        else:
            return None
```

我在文件存在和不存在的情况下，运行测试了这段程序。你也应该这样做，小心为上。

添加接口

本章最后要做的工作是编写添加、删除和显示地址簿条目的接口：

1. 为用户退出提供一些指引和提示。将它们添加到 Constants 代码段中。

```
INSTRUCTIONS = """Address Book Application
(Python For Kids For Dummies Project 9)
Press:
```

```
a to add an entry
d to display a list of all entries in summary form.
i to print these instructions again
q to quit.
"""
CONFIRM_QUIT_MESSAGE = 'Are you sure you want to quit (y/n)? '
```

2. 阅读这些指引，因为接下来你将要编写对应的代码。

3. 在 Controller 中添加一个名为 run_interface 的方法：def run_interface（self）。不要忘记 self 参数。

4. 在 Controller 构造函数的末尾添加 self.run_interface()。

5. 运行 run_interface，使用 print（INSTRUCTIONS）显示对应的指令。然后创建一个无限 while 循环：while True。

while 循环是这个程序的主要框架。在每次循环中应该：

✔ 询问用户想做什么：command = raw_input（"What would you like to do? "）。然后查看用户的命令。

✔ 针对用户的命令做出反馈。使用 if/elif 语句检查 INSTRUCTIONS 常量中列举的每一个选项。

✔ 为 add_entry 和 display_summaries 创建一个方法（在 Controller 中）。在对应的 if 语句中添加对应的函数调用。比如说，处理 'a'（用于添加条目）的代码：

```
if command == "a":
    self.add_entry()
```

✔ 如果用户选择了退出 elif command == "q":，那么调用 confirm_quit。从第 5 章（guess_game_fun.py）中将对应的代码复制粘贴到 Functions 代码段。如果确定退出，打印一条信息说应用程序正在保存 print（"Saving"），调用 address_book 的 save 方法，然后 break（跳出循环），这样程序就会停止运行了。

✔ 如果输入了指令中不包含的命令，就要打印提示信息。在 if 语句的末尾包含一个 else 语句，告诉用户我不懂你输入的命令：print（"I don't recognise that instruction（%s）"%command）。

6. 为 add_entry 和 display_summaries 创建一个桩方法。

每个桩方法都应该包含一段文档注释和一个打印语句，这样就能确保每条命令调用正确的函数。比如 add_entry 这个例子：

```
def add_entry(self):
    """query user for values to add a new entry"""
    print("In add_entry")
```

AddressBook 和 AddressEntry 类都没有更改，同样 Import 代码段和 Main 代码段也都没有更改。新的 Constants 代码段看起来如下所示：

```
#### Constants
SAVE_FILE_NAME = "address_book.pickle"
INSTRUCTIONS = """Address Book Application
(Python For Kids For Dummies Project 9)
Press:
a to add an entry
d to display a list of all entries in summary form.
i to print these instructions again
q to quit.
"""
CONFIRM_QUIT_MESSAGE = 'Are you sure you want to quit (y/n)? '
```

在 Controller 中，构造函数看起来如下所示，只有最后一行是新的：

```
def __init__(self):
    """
    Initialize controller. Look for a saved address book
    If one is found,load it, otherwise create an empty
    address book.
    """
    self.address_book = self.load()
    if self.address_book is None:
        self.address_book = AddressBook()

    self.run_interface()
```

我还在 Controller 中添加了 interface 相关的方法，这些方法是将第 5 章中的 confirm_quit 复制到 Functions 代码段中：

```
    def run_interface(self):
        """ Application's main loop.
        Get user input and respond accordingly"""

        print(INSTRUCTIONS)
        while True:
            command = raw_input("What would you like to do? ")
            if command == "a":
                self.add_entry()
            elif command == "q":
                if confirm_quit():
                    print("Saving")
                    self.address_book.save()
                    print("Exiting the application")
                    break
            elif command == "i":
```

```
                          print(INSTRUCTIONS)
                    elif command == "d":
                          self.display_summaries()
                    else:
                          template = "I don't recognise that instruction (%s)"
                          print(template%command)

          def add_entry(self):
                """query user for values to add a new entry"""
                print("In add_entry")
          def display_summaries(self):
                """ display summary information for each entry in
                address book"""
                print("In display_summaries")

     ##### Functions Section
     def confirm_quit():
          """Ask user to confirm that they want to quit
          default to yes
          Return True (yes, quit) or False (no, don't quit) """
          spam = raw_input(CONFIRM_QUIT_MESSAGE)
          if spam == 'n':
                return False
          else:
                return True
```

运行代码后，我测试了所有命令，它们都可以调用正确的方法。你也要测试自己的代码，确保每条命令都可以调用正确的命令，每条命令会打印对应的信息：

✔ a = "In add_entry"。

✔ d = "In display_summaries"。

✔ i = 再次输出指令。

✔ q = 退出确认。

✔ 同样需要检查如果输入了类似于 r 这样的命令，是否会显示 "I don't recognize that instruction (r)"。

✔ 注意现在已经有了两个 add_entry 方法。第一个属于 AddressBook 类，第二个属于 Controller 类。这两个函数不冲突是因为可以通过类名区分。事实上，Controller 中的 add_entry 方法将会调用 AddressBook 类的 add_entry 方法。

编写方法的具体内容

为了能让应用程序正常工作，需要完成 add_entry 和 display_summaries 方法。

add_entry 这个方法用来向地址簿中添加条目，所以首先我们需要获得 first_name、last_name、email_address 以及 date_of_birth 的值。

1. 给用户一些提示信息：

```
print("Adding a new person to the address book")
print("What is the person's:")
```

2. 使用 raw_input 语句获得每个属性的值。

下面是 first_name 的一个例子：

```
first_name = raw_input("First Name? ")
```

3. 对于每一个选项，都要添加一条测试命令看看用户的输入是否是 q。

如果是 q，就不要添加这个条目（仅仅返回就可以了，return）。例如，first_name（重复这段代码，但是记得更改其他属性的名字）的代码会如下所示：

```
if first_name == "q":
    print("Not Adding")
    return
```

4. 使用收集到的数据创建一个 AddressEntry 并添加到 AddressBook 中。代码 entry = AddressEntry（first_name, family_name, date_of_birth）仅包含一行代码。

```
entry = AddressEntry(first_name, family_name,
        date_of_birth)
self.address_book.add_entry(entry)
```

5. 对于 display_summaries，使用 enumerate 列出 AddressBook 中的所有人。

每个都是一个 AddressEntry 实例。像下面这样生成一个模板（在 Constants 代码段）：

```
SUMMARY_TEMPLATE = "%s %s DOB: %s email: %s"
```

在 for 循环中，使用模板格式化每个属性 first_name、last_name、date_of_birth 以及 email_address，将格式化后的结果存入虚拟变量中。然后使用 "%s:%s" 打印索引和对应的格式化字符串。它将会打印每个条目的详细信息和对应的数字，下面是简单的代码：

```
for index, e in enumerate(self.address_book.people):
    values = (e.first_name, e.family_name,
                e.date_of_birth, e.email_address)
    entry = SUMMARY_TEMPLATE%values
    print("%s: %s"%(index+1, entry))
    # start numbering at 1
```

6. 在 Main 代码段的末尾移除代码 print（controller.address_book.people）。

现在已经不需要这一行代码来调试了。现在 Main 代码段中的代码非常简单，仅仅包含 controller = Controller()。在这个例子中，程序流可能有些不一样。在实例化 controller 之后，控制权将会传入它的构造函数，然后传到 run_interface 方法。当确定离开的时候，只需要退出 run_interface 方法。后面在你使用 Python 的过程中，你将会见到更多的这种结构。

完整代码

最终版本的代码看起来应该如下所示：

```
"""
Addressbook.py
An address book program to store details of people I know.
Stuff I'm storing is:
first name
family name
email address
date of birth
[other stuff]


Brendan Scott
Feb 2015

"""


#### Imports
import cPickle as pickle
import os.path

#### Constants
SAVE_FILE_NAME = "address_book.pickle"
INSTRUCTIONS = """Address Book Application
(Python For Kids For Dummies Project 9)
Press:
a to add an entry
d to display a list of all entries in summary form.
i to print these instructions again
q to quit.
"""
CONFIRM_QUIT_MESSAGE = 'Are you sure you want to quit (y/n)? '
SUMMARY_TEMPLATE = "%s %s DOB: %s email: %s"

##### Classes Section
class AddressBook(object):
    """
    AddressBook instances hold and manage a list of people
```

```python
    """
    def __init__(self):
        """ Set people attribute to an empty list"""
        self.people = []

    def add_entry(self, new_entry):
        """ Add a new entry to the list of people in the
        address book the new_entry should be an instance
        of the AddressEntry class"""
        self.people.append(new_entry)

    def save(self):
        """ save a copy of self into a pickle file"""
        with open(SAVE_FILE_NAME, 'w') as file_object:
            pickle.dump(self, file_object)


class AddressEntry(object):
    """
    AddressEntry instances hold and manage details of a person
    """
    def __init__(self, first_name=None, family_name=None,
                 email_address=None, date_of_birth=None):
        """Initialize attributes first_name,
        family_name and date_of_birth.
        Each argument should be a string.
        date_of_birth should be of the form "MM DD, YYYY"
        """
        self.first_name = first_name
        self.family_name = family_name
        self.email_address = email_address
        self.date_of_birth = date_of_birth

    def __repr__(self):
        """
        Given an AddressEntry object self return
        a readable string representation
        """
        template = "AddressEntry(first_name='%s', "+\
                   "family_name='%s',"+\
                   " email_address='%s', "+\
                   "date_of_birth='%s')"
        return template%(self.first_name, self.family_name,
                         self.email_address, self.date_of_birth)

class Controller(object):
    """
    Controller acts as a way of managing the data stored in
    an instance of AddressBook and the user, as well as managing
    loading of stored data
    """
```

```python
    def __init__(self):
        """
        Initialize controller. Look for a saved address book
        If one is found, load it, otherwise create an empty
        address book.
        """
        self.address_book = self.load()
        if self.address_book is None:
            self.address_book = AddressBook()

        self.run_interface()

    def load(self):
        """
        Load a pickled address book from the standard save file
        """
        if os.path.exists(SAVE_FILE_NAME):
            with open(SAVE_FILE_NAME, 'r') as file_object:
                address_book = pickle.load(file_object)
            return address_book
        else:
            return None

    def run_interface(self):
        """ Application's main loop.
        Get user input and respond accordingly"""

        print(INSTRUCTIONS)
        while True:
            command = raw_input("What would you like to do? ")
            if command == "a":
                self.add_entry()
            elif command == "q":
                if confirm_quit():
                    print("Saving")
                    self.address_book.save()
                    print("Exiting the application")
                    break
            elif command == "i":
                print(INSTRUCTIONS)
            elif command == "d":
                self.display_summaries()
            else:
                template = "I don't recognise that instruction (%s)"
                print(template%command)

    def add_entry(self):
        """query user for values to add a new entry"""

        print("Adding a new person to the address book")
```

```
        print("What is the person's:")
        first_name = raw_input("First Name? ")
        if first_name == "q":
            print("Not Adding")
            return
        family_name = raw_input("Family Name? ")
        if family_name == "q":
            print("Not Adding")
            return
        email_address = raw_input("Email Address? ")
        if email_address == "q":
            print("Not Adding")
            return
        DOB_PROMPT = "Date of Birth (Month day, year)? "
        date_of_birth = raw_input(DOB_PROMPT)
        if date_of_birth == "q":
            print("Not Adding ")
            return
        entry = AddressEntry(first_name, family_name,
                             email_address, date_of_birth)
        self.address_book.add_entry(entry)
        values = (first_name, family_name)
        print("Added address entry for %s %s\n"%values)

    def display_summaries(self):
        """ display summary information for each entry in
        address book"""
        print("Displaying Summaries")
        for index, e in enumerate(self.address_book.people):
            values = (e.first_name, e.family_name,
                      e.date_of_birth, e.email_address)
            entry = SUMMARY_TEMPLATE%values
            print("%s: %s"%(index+1, entry))
            # start numbering at 1


##### Functions Section
def confirm_quit():
    """Ask user to confirm that they want to quit
    default to yes
    Return True (yes, quit) or False (no, don't quit) """
    spam = raw_input(CONFIRM_QUIT_MESSAGE)
    if spam == 'n':
        return False
    else:
        return True

##### Main Section

if __name__ == "__main__":
    controller = Controller()
```

总结

你已经完成了一项大工程！这些代码已经搭建了一个地址簿应用程序的核心架构，很方便扩展——比如说，使用 Cryptory 项目添加一些私人备注；更改 AddressBook 让其具备排序功能；添加新的信息项（尤其是技能）；根据生日计算他们的年龄（使用 datetime 模块）；也可以在制作 GUI World 项目的时候，将该应用程序包装成一个图形化的程序。它具有无穷的可扩展性。

在本章中，你学到了大量的知识：

- 使用类定义自己的对象。
- 从自定义类中创建对象实例。
- 这些类和其他对象一样，可以有自己的属性。
- 了解了类的属性和实例的属性之间的差别。
- 了解了实例如何继承类的属性，但反过来却不行。
- 构造方法（__init__）是什么，以及在创建实例的时候它是如何运行的。
- 在 __init__ 中传入参数，提前填充实例的数据。
- 了解了什么是重写，以及如何重写 __repr__，让你的对象打印不同的内容。
- 为类添加方法。
- 了解了创建方法的时候，self 如何作为一个参数自动传入。
- 使用 pickle 模块保存和载入通用的 Python 对象。
- 使用 os.path 模块查看文件系统是否包含某个文件。
- 重新使用和应用一些早期的概念：if/elif/else 语句块、打开文件的方式、enumerate、raw_input 以及格式化字符串。

第 10 章
算术训练器

你是否想拥有一次成为教师的机会？本章用于测试用户的乘法并显示相应的乘法表，这样用户就可以通过本章练习乘法。它将会保存本次乘法测试花费的时间和获得的分数。

现在，是时候将你的授课技巧融入这个测试并锻炼一下大脑了。

制定制作算数训练器的计划

算数训练器应该能够接受（1~12）输入，然后根据乘法表返回正确结果。

你最好的朋友是否需要帮助来记忆乘法表？算数训练器可以打印一张这样的乘法表。

不过由于其他的好朋友可能已经学会了较小数字的乘法，所以算数训练器应该可以设置一个最小训练数（比如说，排除与 1 有关的乘法）。如果可以，你也可以将上限设置为大于 12。

添加一个分数以及完成测试所花费的时间的记录。来，让我们开始吧。

伊始

创建一个文件，在其中添加一些代码，代码的功能是提出一个问题，然后判断回答是否正确。

按照下面的步骤创建这个项目并运行：

1. 创建一个名为 math_trainer.py 的文件。

2. 为这个文件创建一个文档模块。

3. 使用双斜杠注释的方式标记这些代码段：Imports、Constants、Functions 和 Testing。

在第 8 章中，你已经学会了格式化字符串：在格式化操作符 % 后面添加一个元组，Python 就会将元组中的数据添加到字符串中。比如说 "what is %sx%s?" %(4,6) 就会变成 "What is 4×6? "。接下来，你会将每个问题存储为带有两个数字的元组。

4. 编写一个用于测试的问题。在 Constants 代码段创建一个 TEST_QUESTION 常量。选择两个数字作为测试的参数，然后将 TEST_QUESTION 设置为带有这两个数字的元组。

上例中，这两个数字就是（4,6）。你可以使用这个例子，也可以想一些其他的数字。

5. 创建一个名为 QUESTION_TEMPLATE 的常量。

常量用于格式化问题模板。将它设置为 "What is %sx%s"（如果你能想到另外一个模板也行）。

6. 创建一个新的变量 question，让它等于 TEST_QUESTION。

在代码中使用新变量。之后你会列出所有的问题，然后从列表中一个一个地遍历。我们会更改 question 的值，然后剩下的程序将会使用新的问题——而不用做其他更改。

7. 在 Testing 代码段中，使用 raw_input 命令创建一个提示，提示中包含使用 question 作为参数的格式化 QUESTION_TEMPLATE 的字符串。

8. 添加一行代码用于计算正确的答案（将 question[0] 和 question[1] 相乘）。

9. 使用在 raw_input 语句中创建的提示语获得用户的答案。

10. 将用户的答案转化为数字（使用 int）。

11. 根据正确答案检查用户的输入是否正确，根据情况输出 Correct! 或者 Incorrect。

下面是具体的代码：

```
"""
math_trainer.py
Train your times tables.
Initial Features:
* Print out times table for a given number.
* Limit tables to a lower number (default is 1)
and an upper number (default is 12).
* Pose test questions to the user
* Check whether the user is right or wrong
* Track the user's score.
Brendan Scott
February 2015
"""


#### Constants Section
TEST_QUESTION = (4, 6)
QUESTION_TEMPLATE = "What is %sx%s? "

#### Function Section

#### Testing Section

question = TEST_QUESTION
prompt = QUESTION_TEMPLATE%question
correct_answer = question[0]*question[1] # indexes start from 0
answer = raw_input(prompt)
if int(answer)== correct_answer:
    print("Correct!")
else:
    print("Incorrect")
```

然后运行测试一下：

```
>>> =============================== RESTART
===============================
>>>
What is 4x6? 24
Correct!
>>> =============================== RESTART
===============================
>>>
What is 4x6? 25
Incorrect
```

测试两次，一次是让户输入正确的答案，另一次是让用户输入错误的答案。

创建问题

在这个项目中，你可以使用 random 创建问题：使用 randint() 函数或者 random. choice 创建问题。此时我们面对的问题是：你无法确保整个乘法表都被测试过。比如说随机数可能不会出现 8 这个数字。

还有一种方式，生成整个乘法表（12*12=144），然后在列表中选出想要提出的问题。这样就可以追踪已经出过的题目，然后抛出新的问题。在第 2 章中，我曾经说过使用 Python 2.7 内置的 range 要考虑内存问题。当前，我们面对的是有限个数的条目，所以在这里可以使用 range。

想要创建自己的问题列表，请按照下面的步骤操作：

1. 在 Function 代码段中，定义一个名为 make_question_list() 的函数。

2. 为这个函数编写一个简单的文字说明。

3. 指定问题中的最大值和最小值。

将默认值填入函数的参数列表中：lower = 1 和 upper =12：

```
def make_question_list(lower=LOWER, upper=UPPER):
```

上面函数中的参数看起来很奇怪——lower=LOWER，不过也能说得通。LOWER 是带有默认值的常量，lower 是函数中将会使用的变量的名字。

4. 使用双列表创建一个元组列表。

```
return [(x+1, y+1) for x in range(lower-1, upper)
                    for y in range(lower-1, upper)]
```

5. 返回列表，作为函数的返回值。

6. 注释 Testing 代码段中已经存在的部分。

但是不要删除它，等下还需要。

7. 在 Testing 代码段中添加一行代码，然后打印它返回的值。

为了避免魔数（那些在代码中出现却没有变量名，直接使用的数字），我将变量添加到了 Constants 代码段：

```
#### Constants
TEST_QUESTION = (4, 6)
```

```
QUESTION_TEMPLATE = "What is %sx%s? "
LOWER = 1
UPPER = 12
```

Function 代码段有一个新的函数：

```
#### Function Section
def make_question_list(lower=LOWER, upper=UPPER):
    """ prepare a list of questions in the form (x,y)
    where x and y are in the range from LOWER to UPPER inclusive
    """

    return [(x+1, y+1) for x in range(lower-1, upper)
                       for y in range(lower-1, upper)]
```

这个函数实际上只有一行代码——双列表推导。这个双列表推导有个地方要注意：range（lower, upper）会向上累加，但是却不包含 upper 本身这个值。它并非在前面的语句中指定。为了处理这个问题，在一开始计算的时候，我们就在原始数据上加 1（x+1, y+1）。这也是为什么 lower 的值要减 1。

Testing 代码段现在看起来如下所示：

```
#### Testing Section

question_list = make_question_list()
print(question_list)
```

当你运行这段代码的时候，你将会得到 144 个元组，范围从（1,1）~（12,12），这正是我们想要的结果。

这个测试显示带有默认值的函数的执行结果。为了验证程序的正确性，我们可以使用另外一组测试值。像下面这样更改 Testing 代码段。

1. 选择 2~3 个值传给 lower 变量，或者选择 2~3 个值传给 upper。确保 lower 和 upper 成对出现。

2. 调用 make_quesiton_list。传递 lower 和 upper 值。

3. 每次都打印出结果值。

下面是新的 Testing 代码段：

```
#### Testing Section

for lower,upper in [(2, 5), (4, 6), (7, 11)]:
    question_list = make_question_list(lower, upper)
    print(question_list)
```

能看到发生了什么吗？for 循环遍历了带有 3 个元素的列表。每个元素都是带有两个值的元组。每个元素会将元组所包含的值按照顺序传递给 lower 和 upper。对于每一个值，函数都会被调用，并且打印出对应的值。

下面是我们得到的计算结果：

```
[(2, 2), (2, 3), (2, 4), (2, 5), (3, 2), (3, 3), (3, 4), (3, 5),
     (4, 2), (4, 3), (4, 4), (4, 5), (5, 2), (5, 3),
     (5, 4), (5, 5)]
[(4, 4), (4, 5), (4, 6), (5, 4), (5, 5), (5, 6), (6, 4),
     (6, 5), (6, 6)]
[(7, 7), (7, 8), (7, 9), (7, 10), (7, 11), (8, 7), (8, 8), (8, 9),
     (8, 10), (8, 11), (9, 7), (9, 8), (9, 9), (9, 10),
     (9, 11), (10, 7), (10, 8), (10, 9), (10, 10), (10, 11),
     (11, 7), (11, 8),(11, 9), (11, 10), (11, 11)]
```

按行提问

现在，我们已经获得了大量的问题，也知道了应该如何提出问题。下一步就是使用这些问题测试用户。如果你想一次性地测试所有的问题，那么将会面临两个问题：

- ✔ 这个列表按照乘法表的顺序排列，但看上去一点都不像一个测试。所以最好将它们的顺序打乱。

- ✔ 这个列表有 144 项。除非你特意想这么做，否则，理论上不会让用户一次性完成整个测试。最好的做法是一次只问几个问题。

不要慌！现在，我们开始解决这些问题。

将问题随机排列

你可以将表中的条目按照随机顺序排列：

1. 在文件的顶部，添加一个 Imports 代码段，然后 import random 模块。

2. 在 make_question_list 中添加可选的参数 random_order。

这个参数应该有一个默认值 True（如果想要按照正确的顺序排列，那么设置为 False）。

3. 更新文档说明，解释 random_order 参数的作用。

4. 在临时变量中存储生成的问题列表。

因为这是一个临时变量，所以起一个简短的名字 spam。

5. 测试 random_order 的值是否为 True。

if random_order：可以使用这种写法，但是如果这种写法让你感到不太舒服，那么尝试使用 if random_order is True: 这种写法。

如果 random_order 的值为 True，那么在临时变量上调用 random.shuffle（spam）。你应该不用再使用 else 语句。在 IDLE Shell 窗口中使用 help（random.shuffle）语句确认 random.shuffle 的功能以及它的返回值。

6. 返回这个临时变量。

下面是新的 Imports 代码段：

```
#### Imports Section
import random
```

新的 Function 代码段看起来如下所示：

```
#### Function Section
def make_question_list(lower=LOWER, upper=UPPER, random_order=True):
    """ prepare a list of questions in the form (x,y)
    where x and y are in the range from LOWER to UPPER inclusive
    If random_order is true, rearrange the questions in a random order
    """
    spam = [(x+1, y+1) for x in range(lower-1,upper)
                       for y in range(lower-1,upper)]
    if random_order:
        random.shuffle(spam)
    return spam
```

保持 Testing 代码段不动。可以很方便地查看这个简短的列表。

运行代码，你将会得到下面的列表：

```
[(4, 2), (3, 4), (4, 4), (5, 2), (5, 4), (2, 5), (3, 2), (2, 4),
        (3, 5), (5, 3), (2, 3), (4, 3), (5, 5), (3, 2),
        (4, 5), (3, 3)]
[(5, 6), (4, 5), (6, 5), (5, 4), (6, 4), (5, 5), (4, 4), (4, 6),
        (6, 6)]
[(11, 7), (8, 11), (9, 8), (11, 10), (9, 7), (7, 7), (10, 8),
        (9, 10), (8, 10), (10, 10), (9, 11), (7, 10), (10, 7),
        (7, 11), (8, 9), (11, 8), (11, 11), (8, 7), (10, 11),
        (9, 9), (7, 8), (10, 9), (11, 9), (7, 9), (8, 8)]
```

你的随机列表看起来可能有些不同，因为，它是随机生成的啊！将它与未随机的列表对比，未随机的列表起始值应该是（2,2）。

现在，你已经添加了一个新的变量 random_order，它的值可以为 True 或者 False。默认情况下是 True，所以现在你已经测试了一种可能，还需要测试 random_order 为 False 的情况（也就是说，设置为 False 的时候，应该返回没添加这个变量之前的结果）。为了测试这一点，更改代码，在函数中传入 False（question_list = make_question_list(lower, upper, False)），检查它返回的是否是未经过随机排列的列表。

每次提出指定个数的问题

提出多个问题很简单——将它们放到一个循环中即可。当提出多个问题后，下一步要做的就是记录分数。

想要提出多个问题并记录分数，我们需要：

1. 注释掉 Testing 代码段用于测试 make_question_list 的代码。

2. 为问题总数设定一个常量（MAX_QUESTIONS = 3），把它添加到 Constants 代码段中。

之所以使用一个较小的数字，是因为这样就不需要进行太多的测试，我选择 3。

3. 在 Functions 代码段，创建一个名为 do_testing() 的函数（它不需要带任何参数）。

4. 在这个函数中，创建一个变量用于保存用户的分数，将这个变量初始化为 0。

初始化的意思是第一次给变量赋值。

5. 还是在这个函数中，调用 make_question_list() 创建一个 question_list。

6. 在这个函数中，创建一个 enumerate 循环遍历 question_list 中的问题。

```
for i, question in enumerate(question_list):
```

7. 对于循环中的每一次遍历,enumerate（question_list）都会从列表中返回一个数字（i，在这种情况下）和一个问题（一个二元组）。

数字 i 表示的是这个元素在列表中的位置（从零开始）。

每次遍历都会检查 i 是否比 MAX_QUESTIONS 这个常量大，如果比它大，那么就说明问的问题已经够多了，可以使用 break 跳出这个循环。

8. 回到 Testing 代码段，在这个项目前期的"创建问题"部分在步骤 6 已经将这里注释掉了。

现在，将注释的部分取消，但是不包含 question=TEST_QUESTION 这一行。将它移动到 do_testing() 函数的尾部，然后缩进一级，确保它与 for 循环代码隔离开。

9. 在这个代码块中，告诉用户他们的回答是正确的，将分数加 1。

10. 在问题结束的时候打印用户的分数。

11. 在 Testing 代码段，添加一个对函数 do_testing() 的调用。

新的 Constants 代码段看起来如下所示：

```
#### Constants Section
TEST_QUESTION = (4, 6)
```

```
QUESTION_TEMPLATE = "What is %sx%s? "
LOWER = 1
UPPER = 12
MAX_QUESTIONS = 3 # for testing, you can increase it later
```

新的 do_testing() 函数大部分都是可重复利用的代码：

```
def do_testing():
    """ conduct a round of testing """
    question_list = make_question_list()
    score = 0
    for i, question in enumerate(question_list):
        if i >= MAX_QUESTIONS:
            break
        prompt = QUESTION_TEMPLATE%question
        correct_answer = question[0]*question[1]
        # indexes start from 0
        answer = raw_input(prompt)

        if int(answer) == correct_answer:
            print("Correct!")
            score = score+1
        else:
            print("Incorrect, should have been %s"%(correct_answer))

    print("You scored %s"%score)
```

在 do_testing 中我们使用了 enumerate 而不是 for i in range（MAX_QUESTIONS），这是因为如果 MAX_QUESTIONS 过大，它可能比列表中问题的数量还要多，就会导致错误。

使用 enumerate 程序就会在列表的结尾停住，而不用管 MAX_QUESTIONS 的大小。而且使用 enumerate 还会有另外一个优势：使用 enumerate 是一种更 Python 的方式。

在新的 Testing 代码段，我已经删除了那些再也不会用到的代码：

```
#### Testing Section

do_testing()
```

运行这段代码将会得到以下输出：

```
What is 7x6? 42
Correct!
What is 11x12? 132
Correct!
What is 6x7? 24
Incorrect, should have been 42
You scored 2
```

现在看上去一切顺利。

打印乘法表

打印给定数字的乘法表并不复杂。给出一个元组（4,6），你已经知道了如何计算答案并用格式化的方法打印。所以，对于打印整个乘法表，你也不应该有任何问题。

不过有个小问题是：如何让它们看起来更整齐一些。仅有一列，每个乘法算式都占用独立的一行吗？这样做太浪费屏幕空间。那应该使用多列？但这样做，你又不知道屏幕的宽度，除非打印出所有的乘法算式。现在我们面临如何处理这些界面设计的问题。

开始打印整个乘法表：

1. 创建一个常量作为乘法表中算式的模板。这个模板中应该包含 3 个数字用于显示乘法算式中的 3 个数字。

```
TIMES_TABLE_ENTRY = "%s x %s = %s"
```

你可能想要将这些算式收集在一起，然后将它们一次性都打印出来。

2. 创建一个名为 display_times_tables 的函数，在 Functions 代码段，它带有一个参数 upper。

将 upper 的默认值设置为 UPPER，这个常量是之前定义的。UPPER 的值为 12:

```
def display_times_tables(upper=UPPER):
```

upper 是乘法表中最大的数字。如果你愿意，可以更改 UPPER 的值，获得更大的乘法表，不过要知道——值越大，整个乘法表就越大。

3. 为函数编写对应的文档字符串。

4. 在这个函数中，创建两个 for 循环，其中一个 for 循环嵌套在另外一个 for 循环之中。

每个循环都需要按顺序递增到 upper（注意是小写的 upper）。使用临时变量 x 和 y，它们是用于乘法的两个数字。

```
for x in range(upper):
    for y in range(upper):
```

5. 在 for y 循环中，使用模板字符串创建一个能打印数字、索引以及计算结果的字符串。然后将这个字符串打印出来。

下面这段代码将会用于输出，然后你需要打印算式：

```
entry = TIMES_TABLE_ENTRY%(x+1, y+1, (x+1)*(y+1))
```

6. 注释掉存在于 Testing 代码段中的内容。

7. 添加一行名为 display_times_tables 的内容。

下面是 Constants 代码段的一行模板：

```
TIMES_TABLE_ENTRY = "%s x %s = %s"
```

下面是 display() 函数：

```
def display_times_tables(upper=UPPER):
    """
    Display the times tables up to UPPER
    """
    for x in range(upper):
        for y in range(upper):
            entry = TIMES_TABLE_ENTRY%(x+1, y+1, (x+1)*(y+1))
            print(entry)
```

当我第一次编写这段代码的时候，我忘了在 y 值上加 1 的操作，结果乘法表就变为了从 1×0 开始到 1×11 结束。

Testing 代码段看起来如下所示：

```
#### Testing Section

#do_testing()
display_times_tables()
```

运行这段代码将会得到以下结果：

```
1 x 1 = 1
1 x 2 = 2
[140 lines omitted]
12 x 11 = 132
12 x 12 = 144
```

这段代码工作正常，但是打印出来的对齐方式有些不合适。两位数和三位数都会让排版错乱。

在第 8 章中，你学会了使用 %s 这个转换说明符，而 %i 说明符专门使用于数字。它可以让你为打印的数字设定一个最小宽度。比如说，%2i 最小的宽度就是 2，%3i 最小的宽度就是 3。

在算式的左侧，我们将数字的宽度设置为 2（因为乘数的最大数字是 12，它只有两位数），将右侧数字的宽度设置为 3（因为最大的数字是 144）。这种对齐方式称为*左侧填充*。

下面是整理过的格式化字符串：

```
TIMES_TABLE_ENTRY = "%2i x %2i = %3i"
```

如果你想要这种更改并且重新运行这个程序,你将会得到如下所示的结果:

```
 1 x  1 =   1
 1 x  2 =   2
[140 lines omitted]
12 x 11 = 132
12 x 12 = 144
```

不错,看起来格式已经很整齐了!所有的数字都靠右侧对齐。这段代码在结果值比较小(比如说小于1000)的时候都不会有问题,但如果数字过大,那么就无法对齐了。

当然,我们也能编写处理任何长度数字的代码,让格式保持整洁,但是在编程练习中,我们需要知道什么时候做出妥协。大多数乘法表都是 1~12,所以我认为现在的程序就是一个很好的方案。

跨屏幕打印多个表

乘法表太大了,一个屏幕显示不下。屏幕上很多水平的空间都没有利用起来。如果乘法表能水平排列是不是会更好?如果想做到这一点,我们需要知道乘法算式的长度。

内置的 len() 函数可以计算对象的长度,比如说字符串或者列表的长度。

在 IDLE Shell 窗口中,生成一个简单的乘法算式,然后获取它的长度。如下所示:

```
>>> TIMES_TABLE_ENTRY = "%2i x %2i = %3i"
>>> entry = TIMES_TABLE_ENTRY%(12,12,144)
>>> len(entry)
13
```

输出的结果意味着 12×12 = 144 中总共有 13 个字符。水平方向上再添加一个空格就会让它们在水平长度上有 14 个字符。我们的程序假设屏幕的宽度是 70 个字符,我们使用它作为基准。70 除以 14 等于 5,所以在水平方向上,每行可以显示 5 个乘法算式。

想要打印出更紧凑的乘法表,你需要将 display_times_tables() 函数中的代码替换为如下所示:

1. 在 Constants 代码段中,在常量 TIMES_TABLE_ENTRY 末尾添加一个空格:

```
TIMES_TABLE_ENTRY = "%2i x %2i = %3i "
```

2. 创建一个本地变量 tables_per_line,将它设置为 5。

3. 建立一个列表,其中包含所有要打印的乘法算式:

```
tables_to_print = range(1, upper+1)
```

4. 从 tables_to_print 中取出第一个 table_per_line 元素放到 batch 中，然后将剩下的的元素放到 tables_to_print 中。

```
batch = tables_to_print[:s]
tables_to_print = tables_to_print[s:]
```

5. 创建一个 while 循环执行 while batch != [ ]:。

6. 在循环中，创建一个 for 循环，从 1 循环到 upper+1（获取从 1 到 upper 的数字，包括 upper）。

```
for x in range(1, upper+1):
```

7. 在 for x 循环中，创建一个空列表保存乘法表中一行算式：accumulator = [ ]。

我们需要把赋值操作放在这里，这样每次执行 for x 循环的时候都会重新赋值。

8. 创建另外一个 for 循环。这个循环应该是 for y in batch:。

9. 在 y 循环中注意缩进——在 accumulator 中添加一个乘法算式：

```
accumulator.append(TIMES_TABLE_ENTRY%(y, x, x*y))
```

10. 在 for x 循环中，使用空字符串 " " 将 accumulator 串联在一起，然后打印：

```
print("".join(accumulator))
```

11. 截取下一个 batch，减少 tables_to_print 中算式的数量。

这段代码与步骤 4 中的代码一致（不过缩进了）。

最终的代码在 Constants 代码段中的 TIMES_TABLE_ENTRY 的结尾添加了一个空格。

```
TIMES_TABLE_ENTRY = "%2i x %2i = %3i "
```

修改后的 display_times_tables() 函数如下所示：

```
def display_times_tables(upper=UPPER):
    """
    Display the times tables up to UPPER
    """
    tables_per_line = 5
    tables_to_print = range(1, upper+1)
    # get a batch of 5 to print
    batch = tables_to_print[:tables_per_line]
    # remove them from the list
    tables_to_print = tables_to_print[tables_per_line:]
    while batch != []: # stop when there's no more to print
        for x in range(1, upper+1):
            # this goes from 1 to 12 and is the rows
            accumulator = []
            for y in batch:
```

```
# this covers only the tables in the batch
# it builds the columns
accumulator.append(TIMES_TABLE_ENTRY%(y,x, x*y))
    print("".join(accumulator)) # print one row
print("\n") # vertical separation between blocks of tables.
# now get another batch and repeat.
batch = tables_to_print[:tables_per_line]
tables_to_print = tables_to_print[tables_per_line:]
```

While 循环将乘法表中的算式（1~12）分成 5 个一组。在 y 循环中，将与 x 值构成的行联系在一起。对于第一行，x+1 就是 1，y 值是 1~5，所以第一行就是 1×1,2×1 一直到 5×1。对于第二行，x+1 将会是 2。而 y 值仍然是 1~5，所以第二行将会是 2×1, 2×2 一直递增到 5×2。如此往复，直到整个乘法表打印完毕。

从用户界面说起

到现在为止，你一直在做后台功能工作——那些运行在用户界面后面的工作。不过用户有一些小交互，他们无法控制程序的行为。比如说，他们没有指令，无法选择用于训练的测试。

这里说的是用户界面，即使它只是命令行中的文本。仔细思考用户界面，这样你的程序才可用。如果用户界面难以使用，那么再好的功能也展现不出来。所以，有很多应用程序在图形界面上的时间花费远大于在功能开发上的时间花费。

在本章中，只需要与文本打交道，所以你的用户界面将会非常简单。这就是说，无需担心界面问题，这样可以让你将重心放到应用程序的功能上。

这个算数训练器的用户界面应该：

- 向用户介绍程序并解释其中的选项——训练、测试和退出。解释的内容可以很简单："你好，我是一个乘法表训练员，我能打印乘法表并能通过问答来检查你的乘法计算是否正确。"根据用户的输入选择运行指定的逻辑，并在介绍中列出这些选项。
- 询问用户执行什么操作。
- 将程序控制权交给处理选择的部分。
- 允许程序的任何部分将控制权返回给主程序。比如说，用户应该能够练习乘法表中的一部分，然后，当他们练习完成时，运行 Testing 代码段的程序。
- 要么将控制权返回给主程序，要么让用户再次运行刚才的功能。

好消息是上面的大部分功能我们都已经完成了！下面，让我从代码的框架入手：

1. 在 Constants 代码段，创建一个名为 INSTRUCTIONS 的常量。为这个常量填写一些介绍性的文本和一些操作指令。

输入这段文字的时候，将它想象成一段文本。使用 3 个引号作为起始，然后，它就能显示多行了。

如果遇到词穷的时候不要担心，可以先将 INSTRUCTIONS 部分留空，先做其他步骤，然后回头再写。写好的说明如下所示：

```
INSTRUCTIONS = """Welcome to Math Trainer
This application will train you on your times tables.
It can either print one or more of the tables for you
so that you can revise (training) or it can test
your times tables.
"""
```

2. 注释掉 Testing 代码段，然后在应用程序的末尾添加一个 Main 代码段。

3. 在 Main 代码段，添加一行：if __name__ == "__main__":。

4. 在这个语句块中，添加一个 while True: 的循环。

5. 在这个语句块中，打印指令。

然后使用 "Press 1 for training.Press 2 for testing. Press 3 to quit" 作为 raw_input 的提示。将从输入中获取的值存储到 selection 中。

退出函数在下一小节中编写。现在，如果想要退出程序，请按 Ctrl+C 组合键。

6. 测试用户提供的值。在 selection 上面使用 strip 方法：selection:colection = selection.strip()。这个函数会进行一些数据清理操作。它将会移除字符串开始和结尾的空白字符。

7. 如果 selection 不是 "1"、"2" 或者 "3"（它们是字符串，还记得吧？），那么创建一个消息，让用户重新选择。

循环这个过程，直到用户选择了 3 个选项中的 1 个。

8. 创建一个函数 do_quit()。

现在，这些选项已经有两个选项可以使用：do_testing 和用于测试和训练的 display_times_tables。

9. 创建一段说明文字。

使用打印语句，方便测试。

10. 在 Main 代码段中，使用 if/elif/else 根据用户的选择调用不同的函数。

添加了 INSTRUCTIONS 这个常量后，Constants 代码段现在已经变成如下所示：

```
INSTRUCTIONS = """Welcome to Math Trainer
This application will train you on your times tables.
It can either print one or more of the tables for you
so that you can revise (training) or it can test
your times tables.
"""
```

下面是添加到 Functions 代码段的函数：

```
def do_quit():
    """ quit the application"""
    print("In quit")
```

Testing 代码段已经完全注释掉了，下面是新添加的 Main 代码段：

```
#### Main Section

if __name__ == "__main__":
    while True:
        print(INSTRUCTIONS)
        raw_input_prompt = "Press: 1 for training,"+\
                           " 2 for testing, 3 to quit.\n"
        selection = raw_input(raw_input_prompt)
        selection = selection.strip()
        while selection not in ["1", "2", "3"]:
            selection = raw_input("Please type either 1, 2 or 3: ")
            selection = selection.strip()

        if selection == "1":
            display_times_tables()
        elif selection == "2":
            do_testing()
        else: # has to be 1, 2 or 3 so must be 3 (quit)
            do_quit()
```

运行 4 次这个程序，确保每个功能都正确。为什么是 4 次？因为有 3 次是分别测试 3 个功能，还有一次用于测试错误的输入。

添加退出功能

现在，我们需要补全 quit 函数的功能。实现这个功能并不难，因为你已经在第 5 章中完成过这个功能，我们用它改进了猜谜游戏。

1. 在 Imports 代码段，添加 import sys。

我们将会使用 sys.exit() 这个函数结束程序执行。

2. 将第 5 章中实现的 confirm_quit() 函数复制到 Functions 代码段。

3. 复制 confirm_quit() 依赖的常量。

4. 在 do_quit() 函数中，调用 confirm_quit()。

如果确认退出，那么调用 sys.exit()。否则，什么也不做，这个函数将会返回调用它的地方。

新的 Import 代码段看起来如下所示：

```
#### Imports Section
import random
import sys
```

很惊讶，对吗？常量应该添加到 Constants 代码段。下面这段代码来自于第 5 章中的 confirm_quit：

```
CONFIRM_QUIT_MESSAGE = 'Are you sure you want to quit (y/n)? '
```

只需要将它放在常量的末尾。

一般我会要求将常量按照字母顺序排列。虽然这并不是一个很好的做法，也许更好的做法是将常量按照它们的功能排序（比如说，将 LOWER 和 UPPER 放在一起，因为它们都会在提问的功能中使用到）。

confirm_quit() 函数复制于第 5 章：

```
def do_quit():
    """ quit the application"""
    if confirm_quit():
        sys.exit()
    print("In quit (not quitting, returning)")

def confirm_quit():
    """"Ask user to confirm that they want to quit
    default to yes
    Return True (yes, quit) or False (no, don't quit) """
    spam = raw_input(CONFIRM_QUIT_MESSAGE)
    if spam == 'n':
        return False
    else:
        return True
```

保留 do_quit() 函数中的打印语句，因为这样会方便测试（只有在你选择退出的时候才会打印这一句，它可能会改变你的想法）。sys.exit() 函数会让应用程序退出执行。

如果在 IDLE 中运行程序（就像运行本书中其他的代码），你可能会得到如下所示的错误提示：

```
Traceback (most recent call last):
  File "/data-current/dummies book/code folder/math_trainer_6.py",
          line 122, in <module>
    do_quit()
  File "/data-current/dummies book/code folder/math_trainer_6.py",
          line 68, in do_quit
    sys.exit()
SystemExit
```

之所以出现这个错误是因为在 IDLE 中执行的脚本激活了当前的窗口，如果在 IDLE 外部执行这个脚本，Python 就不会报错了。

完善

让我们总结一下未完成的部分：

☑ 在 Testing 代码段添加一个计时器，这样就能看到测试花费了多少时间。

☑ 重置可测试的最大轮数，现在这个数字是 3。

☑ 整理代码，删除无用的代码。

下面的工作都很简单了。

计时

想要统计一轮测试花费的时间，可以使用 time 模块。下面，我们花 20 秒的时间介绍下这个模块：

```
>>> import time
>>> time.time() # current time
1433075973.088198
```

不敢相信这就是当前时间？那么可以查看文档：它是从 Epoch 开始的总秒数。这是一个精确的时间，精确到百万分之一秒，计时时间是从 1970 年 1 月 1 日开始。不要问为什么从这个日期开始计时，因为这也是一个历史遗留问题。

你可以使用 time 模块计算两件事发生的时间差，如下所示：

```
>>> t1 = time.time() # current time
>>> t2 = time.time()# current time again (I waited a smidge)
>>> t2-t1 # number of seconds between first and second calls
5.041269063949585
```

有时间可以查看一下 time.ctime 和 time.gmtime 的功能。

现在，让我们处理一下时间问题。

1. 在 Imports 代码段，导入 time 模块。

2. 在 do_tesing 方法中，将 score 设置为 0，然后将当前的时间存储到 start_time 中：

```
start_time = time.time()
```

3. 在打印分数之前，再次获取时间，然后将它存在另外一个变量中。计算这两个时间之间的差值。

4. 打印测试花费的时间和获得的分数。

也可以打印出回答正确的问题的百分比（将分数除以问题总数然后乘以 100）。也可以使用下面的模板（将它添加到 Constants 代码段）。双 %% 符号会打印出单个 %。%.1f 的意思是说打印的数字带一位小数点：

```
SCORE_TEMPLATE = "You scored %s (%i%%) in %.1f seconds"
```

新的 Imports 代码段看起来如下所示：

```
#### Imports Section
import random
import sys
import time
```

Constants 代码段中包含一个新的变量：

```
SCORE_TEMPLATE = "You scored %s (%i%%) in %.1f seconds"
```

重新完善后的 do_testing() 函数看起来如下所示：

```
def do_testing():
    """ conduct a round of testing """
    question_list = make_question_list()
    score = 0
    start_time = time.time()
    for i, question in enumerate(question_list):
        if i >= MAX_QUESTIONS:
            break
        prompt = QUESTION_TEMPLATE%question
        correct_answer = question[0]*question[1]
            # indexes start from 0
        answer = raw_input(prompt)

        if int(answer) == correct_answer:
            print("Correct!")
            score = score+1
        else:
            print("Incorrect, should have been %s"%(correct_answer))

    end_time = time.time()
```

```
time_taken = end_time-start_time
percent_correct = int(score/float(MAX_QUESTIONS)*100)
print(SCORE_TEMPLATE%(score, percent_correct, time_taken))
```

整理主循环和其余的部分

现在，让我们完善应用程序的主循环以及每次测试的问题数等。相信这些问题你自己就可以完成！它们不需要做特别的解释。

1. 在 Constants 代码段中，设置 MAX_QUESTIONS 为 10 或者 20（ 比如说 MAX_QUESTIONS = 10 ）。

这个常量将会改变 do_testing() 函数中提出的问题个数。适可而止，不要将它的数值设置得过大。

2. 移除用于调试的打印语句。删除注释掉的代码。

现在 print(INSTRUCTIONS)代码处于循环内。你应该将它放在循环外，如果愿意，可以加一个选项 "4" 用于打印说明。

总结

在你制作算数训练器的时候，也学习了下面的内容：

- 使用 random.shuffle() 函数随机化列表中的元素。
- 创建提供使用指南的用户界面，它允许用户选择不同的选项。
- 添加退出功能，并且确认用户实际上的确是想退出（ 诚然，之前我们已经完成了这个工作 ）。
- 使用 while 循环分割列表。
- 重构你的代码。